U0625253

多面的自我

人生逆旅中的自我修行

陶思璇 — 著

民主与建设出版社

·北京·

© 民主与建设出版社，2022

图书在版编目（CIP）数据

多面的自我：人生逆旅中的自我修行 / 陶思璇著
. -- 北京：民主与建设出版社，2021.6（2022.3 重印）
ISBN 978-7-5139-3531-9

Ⅰ.①多… Ⅱ.①陶… Ⅲ.①人生哲学 – 通俗读物
Ⅳ.① B821-49

中国版本图书馆 CIP 数据核字（2021）第 085225 号

多面的自我：人生逆旅中的自我修行
DUOMIAN DE ZIWO RENSHENG NILÜ ZHONG DE ZIWO XIUXING

著　　者	陶思璇
责任编辑	程　旭
策划编辑	路姜波　曾柯杰
封面设计	东合社 – 安宁
出版发行	民主与建设出版社有限责任公司
电　　话	（010）59417747　59419778
社　　址	北京市海淀区西三环中路 10 号望海楼 E 座 7 层
邮　　编	100142
印　　刷	天津旭非印刷有限公司
版　　次	2021 年 6 月第 1 版
印　　次	2022 年 3 月第 2 次印刷
开　　本	880 毫米 ×1230 毫米　1/32
印　　张	8
字　　数	150 千字
书　　号	ISBN 978-7-5139-3531-9
定　　价	49.80 元

注：如有印、装质量问题，请与出版社联系。

我们都需要一次重新认识自我的机会

为什么谈了几次恋爱，总是遇到渣男？

为什么人在长大之后，会变成自己曾经最讨厌的人？

明明那么努力，为什么仍然会陷入生活的泥潭？

……

我们习惯于把生活中那些无法理解的事，归结于命运的偶然：在人生的岔道口，是无数次随机选择的结果，才使我们成为如今的样子。即使后悔、迷茫，那也是命运的安排，非人力所能阻挡。

然而，事实真的如此吗？

其实不然。很多时候，你认为的偶然，可能就是人生道路上必然会经历的劫难，就像一粒种子，玉米只会长成玉米，大豆只会长成大豆一样，这是它们的基因使然。只不过，决定种子命运的是基因，而决定我们拥有怎样人生的，却是我们自认为了解，实际上早与之失联的"自我"。

如果你曾经对自己的种种念头，有过深刻的觉察，你便会惊讶地发现，自己竟然这样不了解自己：

小时候，我们顺从父母，任由他们把自己打扮成他们所喜欢的样子。当他们满意地点头时，我们就会看着镜子里的自己，学着他们的样子，也对自己满意地点点头；

上学后，我们听从老师的安排，按照老师的要求规范自己的行为，为了老师的一句表扬，规范自己的行为；

进入社会，当我们还没来得及想清楚自己想拥有的人生是什么样子时，见别人追逐什么，我们也就不假思索地加快了脚步，奋力去追，以为世俗的目标就是正确的目标。

我们似乎一直都特别清楚自己在这个世上应有的样子：父母教给我们辨别美丑；学校教给我们辨别是非对错；社会教给我们成功是荣誉、失败是可耻……我们一直在遵循着这样的理念生活，却从未想过，别人看到的和自己看到的是否一样？别人所追求的是否也适合自己？那些被别人奉若神明的信条究竟对自己有益还是有害？

在漫漫的人生长河中，在无数个下意识的选择中，你与你内心的某一部分开始失去联系，与真实的自我渐行渐远，如同在黑暗中失去光明的指引。

认识真正的自我，是每一个人一生中都需要面对的问题，它会以各种各样的形式出现。比如，当一个被教育要追求成功的男孩发现自己向往平凡时,他时常会感到恐惧;当一个努力在做贤妻良母的家庭主妇突然要追求事业时,她内心会充满矛盾和自责;当一个大学生违背父母的安排,独自从头打拼时,他常常会感到迷茫;当一个人被困在并不幸福的婚姻中,却被自己用种种理由安慰时,他就永远地失去了快乐与活力……

当各种各样的人生危机出现时,其实都是我们面临人生拷问的关键时刻。当每一个人在被心头炙热如岩浆的躁动炙烤时,唯一能带给你清凉的唯有自我的真相,只有下定决心重新与真正的自我建立对话,才有走出困境的机会。

然而,要想重新找回一个失联已久的事物,并非那么容易。

首先它要求一个人实现灵魂上的真正独立。有时候,我们做着太多自己不想做的事,但只要看到别人满意的表情,听到别人真心的称赞,我们就会告诉自己,这一切都是对的、都是值得的。这是因为长期以来,我们习惯于以他人的反应作为评判我们行为的第一标准。别人喜欢的,就是好的,就是对的;别人不喜欢的,就是坏的,就是错的。这样的标准听起来是不是像一个还在依赖母亲的孩子所拥有的价值观呢?独立思考之所以难能可贵,就是因为它只能是一个完全摆脱了依赖之后的头脑的产物。

清醒的认识是一项艰苦的活动,因为比起直接参照他人的标准来说，它既不轻松，也不安全，但它却拥有巨大的价值。一个能够清醒认识自我的人，很难被现实中的困境所折磨，他们会很快找到自己的归宿，然后迅速脱身，改变自己的处境，从而大大减少在错误的道路上停留的时间，也可大大减少自己在纠结中所受到的冲突和折磨。烦恼对于他们来说，不是一种持久而漫长的人生悲剧，只是人生道路上正常的小磕碰，摔了一跤很快可以站起来重新上路，即使走错了路也可以很轻松地掉头离开。

而没有真正认识自我的人，由于无法看清自己的内心，只能一次次重复做同样的事情，却期待得到不同的结果，直到将自己逼到崩溃的境地，永远停留在原地打转，无法继续前行。

如果，你也处在迷茫中，请别再闭着眼睛奔跑了，从打开这本书开始，给自己一个机会，甩掉过去的包袱，轻装前行；给自己一个希望，摆脱曾经重复、迷茫的混沌状态，过一种真实、高效、幸福的人生；给自己一种改变，认识真正的自我，听听心底的真实声音，也许，你的生活从此就会发生改变。

目录
Contents

08 自我的回归与整合
全然的自我是应对世界的盔甲

01 被回避的自我

你了解的自己，
可能只是一种假象

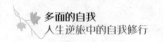
【心理测试】你真的了解自己吗？

你真的了解自己吗？

你认识的自己与真实的自己之间，到底相差几何？

如果你不能在第一时间做出肯定的回答，下面的测试也许可以给你答案。

（说明：本测试没有标准答案，你只需保证对自己诚实，并在你觉得符合自己思想与性格的选项后画上"√"，在你觉得不符合自己思想与性格的选项后画上"×"，当然，在画"√"或画"×"以前，请务必慎重考虑一番。）

（1）你对自己很满意，你喜欢并欣赏自己的一切。

（2）你觉得在生活及工作中，你都能充分发挥自己的聪明才智。

（3）你遇到问题时，有独立思考、自行解决问题的习惯。

（4）你总是害怕自己受到来自别人的某种伤害。

（5）你觉得在你所接触的人的心目中，你是可信赖的，别人也都信任你。

（6）你很高兴拥有你现在的性别，从未想过要改变它。

（7）你有着一副漂亮的、讨人喜欢的面孔，别人都说你很有活力。

（8）你几乎在所有场合都能恰到好处地说出该说的话。

（9）你很了解自己的情感，并完全明白自己的好恶。

（10）你觉得自己从来没有存心欺骗过别人，觉得自己是可信赖的。

（11）你爱你身边的人，即使他们并不怎么爱你。

（12）你热衷于参加各种公益活动，希望自己能为社会做些什么。

（13）你对周围的人有一种奇特的吸引力，他们都乐于和你交往。

（14）你在工作中进取心很强，绝不甘心落于他人之后。

（15）你喜欢自己的工作，觉得能在工作中体验到充实的感觉。

（16）你热爱大自然，喜欢接触大自然，喜欢与花鸟鱼虫为伴。

（17）你的自我感觉不是太好，觉得自己简直糟透了。

（18）你的内心充满对未来的恐惧，不知以后何去何从。

（19）你终日无所事事，百无聊赖，常靠闲扯消磨时光。

（20）你很少有个人见解，遇到麻烦常常不知所措，常找人帮忙出主意。

（21）有时你感到自己不可理解，很多事甚至你都不能说服自己。

（22）你终日里觉得身心备受束缚，实在无法解脱。

（23）你常有无法保住现任职务的危机感，终日心神不宁。

（24）你很难保证自己说出去的话是自己真实所想，总免不了说错话。

（25）你觉得自己已经失去了面对这个世界的勇气，想找个与世隔绝的地方隐居。

（26）你一般不喜欢与别人为伍，即使是有工作上的关系。

（27）你常常觉得自己的才华不能充分施展，这使你很苦恼。

（28）你特别不喜欢自己的性别，希望能改变一下。

（29）你经常做错事，为此招惹了很多麻烦。

（30）你觉得周围的人都在回避你，因为你觉得他们很烦你。

（31）你对社会问题没有一点兴趣，觉得无聊透了。

（32）你不喜欢工作，宁可无所事事地度过此生。

（33）你不能有效地控制自己，常做一些事后后悔的冲动事。

（34）你对生活已失去信心，觉得活着也没多大意思。

（35）你觉得自己的出生就是一个错误，你讨厌自己的一切。

本测试没有正确答案，但选择所揭示出的个人特点，将会给予你一些关于自我的全新概念。如果由此你发现自己的性格很好，那么，我恭喜你；反之，如果你认为自己一无是处，那也大可不必。

因为很多时候，我们表现出来的自己，并不一定就是真实的自我，这种认知上的偏差不仅给我们带来了很多情绪和麻烦，也会成为我们追求幸福道路上的绊脚石。而只有揭开这层迷雾，才能触碰到事实真相。

1. 正视缺陷:
不要让"阿喀琉斯之踵"成为你的致命伤

有光的地方,就会出现影子,光与影相互依存,和谐共生。同样地,在一个人的身上,光明与阴影也同时存在。然而,我们通常愿意将"漂亮"的光明面展示在公众面前,而试图将一些"不太漂亮""丑陋"的阴影有意无意地忽略、隐藏、压抑和否定,甚至用假面具来掩饰,以美化自己的缺点和不足,有的人太用力,让体力、耐力、承受力、心力都超过了最大限度,陷入一种无力自拔的困境中。

这个与我们同生共存的阴影,就是每个人无法逃避的"阿喀琉斯之踵"。

"阿喀琉斯之踵"是古希腊神话中的一个典故。

传说阿喀琉斯是凡人英雄珀琉斯与海洋女神忒提斯的爱子。在阿喀琉斯刚出生时,他的母亲就将他浸在斯提克斯河的神水中,使他拥有了刀枪不入之身。然而,河水浸没了他的全身,却唯独忽略了他被母亲抓住的脚后跟。

这个错误后来成为了阿喀琉斯璀璨光环下的唯一阴影。这一弱点，不仅表明了他也是凡人之躯，打破了阿喀琉斯不死的神话，也为他日后的败亡埋下了隐患。

而更为悲剧的是，阿喀琉斯不敢面对这个事实，不敢承认自己的这个缺陷，反而盲目地要证明自己所谓"不死战神"的强大。在不断地赢得各种挑战后，阿喀琉斯称雄天下，声名远扬，但最终却被劲敌帕里斯一箭射中致命之处，含恨而亡。

渴望优秀、向往光明是人们普遍的心理需求。著名的个体心理学创始人，奥地利心理学家阿尔弗雷德·阿德勒认为，追求优越是一个人成长的核心诉求，也是支配个体行为的总目标。阿德勒认为，人类的一切行为都受"向上意志"的支配，追求一种高人一等的优越感。在这种意志的支配下，人人都会产生一种趋向权力意志的天生内驱力，将人格汇成一个总目标，力图做一个没有缺陷的、完善的人。我们在生活中产生的羡慕别人、胜过别人、征服别人等想法，都是这种追求优越的人格体现。

在现实生活中，我们处处追求着优越与完美，如财富、成功、年轻、美貌、家人的绝对理解、下属的绝对服从等，这些目标看起来都值得我们为之付出努力。但是，追求的过程真的是有百利而无一害吗？追求的动力也如字面上看起来那样单纯而美好吗？

事实上，追求优越并不总能给人带来积极的结果。虽然它可以激励人追求更大的成就，使人的心理得到积极的成长，但是，我们也会由于追求个人优越而忽视社会和他人的需要，从而滋生"自尊情结"，变得妄自尊大，这就像太阳虽然可以使万物生长，但如果终日照耀，也会使大地枯槁一样。大地不仅需要光明的白天，也需要夜晚的降临，夜晚可以让光明暂时退去，使一切得到平衡。而这种平衡追求个人优越的力量，就是我们每个人都会产生的自卑感。

阿德勒曾说，自卑感是人类行为的原始决定力量或向上意志的基本动力。这种自卑的来源，就是每个人都具有的缺陷或不足，也就是我们所知道的"阿喀琉斯之踵"。

同追求优越一样，这种自卑感同样有两面性，失控的"阿喀琉斯之踵"能摧毁一个人，让人们"在自己的脚上绊倒"，使人们变得脆弱、敏感、没有安全感而又患得患失，整个人被心理阴影所笼罩。但它也能使人发愤图强，进行深刻的反省，从而催生光明的到来。所以，成长的关键并不在于如何隐藏、逃避自身的缺陷和弱点，如何让炙热的阳光持久或推迟夜晚的出现，而在于如何化缺陷和弱点为成长的能量，让缺陷变为一种如夜色般的美丽，给予我们一种温柔而真实的给养，这就是每个人心理完善的最终状态。

而达到这一状态的前提，就是要设法找出你的"阿喀琉斯之踵"。

寻找的方法很简单：正视你的弱点，并正确得当地理解它、对待它，这将有助于你了解自己、把握并且完善自己，这是让你脱离困境的合理建议。

有光明的地方就会有黑暗，这不是一种病态，也不是一种顽固的沉疴，它是有药可治的。人们所能够做的就是，不要讳疾忌医，让"阿喀琉斯之踵"成为自己的致命伤。

瑞士分析心理学家与精神病学家卡尔·古斯塔夫·荣格把个人的阴影定义为"负面的人格"，也就是我们每个人身上都具有的、令我们痛恨并想隐藏起来不予示人的令人厌恶的特质。然而，阴影中也包含着大量我们未能充分发展的无意识与生命功能。唯有当一个人能够与暗影取得协调与和谐时，他才会拥有自己全部的生命活力。

然而事实上，我们中的很多人，在生活中都会经常犯和勇士阿喀琉斯同样的错误——拒绝承认自己的弱点，有意无意地忽视自己的弱点，甚至连带着把自己的优点也忘得一干二净，然后毫无防备地滑向已经不可更改的命运，直到最后都浑然不知，自己并不是被残酷的命运所伤害的，而是由于自己的无知与傲慢，苛求完美却不可得，最终走到不可收拾的境地。

更为糟糕的是，无数事实已经证明，当"阿喀琉斯之踵"伤害到人们的工作、婚姻、爱情甚至个人成就，将人们折磨得痛不欲生时，他们很少去寻求心理方面的帮助，当痛苦一波又一波袭来，他们往往会由于自卑和羞怯而选择自己独自承受。此时，他们唯一能做的事，就是揭开自身"阿喀琉斯之踵"的真正面目，然后采取正确积极的态度去对待、防治，转弱为强。

这一过程正如德国哲学家伊曼努尔·康德所指出的那样："我们活在自己的梦境里，真实的命运却为我们铺就了另外一条道路。"

在面对"阿喀琉斯之踵"的严峻考验时，如果我们能够承认它、正视它，而不是回避它，能从中吸取经验教训、从中学习，那么"阿喀琉斯之踵"将会带来正面的、良好的效应，给予人们自我改善、不断进步的动力。毕竟，缺点和不足是人性的必然组成部分，能够意识到缺陷的存在，这本身就具有积极的意义。

弱点本身并没有好坏之分，而是取决于我们对它的认知程度，一旦我们认识到自身的弱点也有积极的一面，就会加以利用，为我们自身创造有益的价值。就像光明与黑暗一样，在茹毛饮血的远古时期，人们惧怕黑暗，因为它意味着无数未知的危险：可能是暗藏在草丛中的野兽和敌人的刀剑，可能是威胁到我们的悬崖和陷阱。但随着人类几千年的文明发展，霓虹璀璨的夜幕却已经成了人们休闲娱乐的保护色，人们可以在黑夜中放松自己，汲取新的能量。

　　只要我们对黑暗有了充分的认识，它的积极作用就会得到充分的发挥，也会让我们在危险来临之前，做好万全的准备，而不会像阿喀琉斯一样，毫无防备地丢了性命。

2. 墨菲定律是禁不起试探的

"逃避可耻但是有用。"

面对生活中很多难解的课题，与其绞尽脑汁地去思考解决之法，不如采取逃避的方法，选择一个安全的角落，把所有的冲突都挡在门外。这似乎是一个非常讨巧的办法，可以让我们暂时获得心灵的平静。但命运总是公平的，贪恋这种虚假的平静越久，需要付出的代价就会越大——生活中我们经常会有这样的体验，越想隐藏的却越欲盖弥彰，越想拖延的却最终不得不去面对。就像墨菲定律所描述的那样：当桌子上一块美味可口的奶油蛋糕眼看就要滑落到地板上的时候，你不要指望能够接住它。相反，它一定会掉到地板上，并且是涂满奶油的那一面朝下。

很多年前，爱德华·墨菲就想通过这种心理学效应，告诫那些想寻求侥幸的人们，"如果事情有变坏的可能，不管这种可能性有多小，它总会发生"，而且"你越想避免的事情就越避免不了，它反而会更糟"。

面对每个人都存在的"阿喀琉斯之踵"，很多人第一时间会习惯性地去隐藏、否认、压抑自己，却很少有人能敞开心灵进行自我剖析："我如此否认这些弱点、缺陷，究竟是为什么呢？我在害怕什么呢？我为什么总是要把自己装成一个完美无瑕、不想被任何人非议、让所有人都满意的人呢？"

现实生活中也确实有这样一些人，他们头脑灵活，身体健康，事业有成，但由于自身"阿喀琉斯之踵"的阻碍，使得他们的精力和主观能动的创造力无法获得充分的发挥。因为他们总是试图回避、隐藏弱点，即使是换工作、离婚，搬家或与人断绝往来，消极遁世或潜心于其他的事，"阿喀琉斯之踵"也会一如既往地困扰着他们，让他们的生活陷入越来越深的困境中，心理能量越来越枯竭。面对这种情况，有些人会戏称自己"旧病复发"，也有人认为这是一种无法逃脱的宿命。这正是墨菲定律的第一层可怕之处。

一些心理研究发现：人们之所以习惯于掩饰自己的缺点，是因为人们之间互相防备，不愿意被别人批评指责也甚少轻易评价他人，有些人尽管朝夕相处，却始终有隔膜，他们的潜意识标尺是：没有人知道自己的缺点，也没有人知道自己软弱的地方是比较安全的。他们总是害怕完全公开自己，害怕暴露弱点于人前，害怕会因为不够优秀受到伤害和排挤从而失去尊严，所以不仅仅是对陌生人、对亲人、对爱人、对朋友、对子女甚至对自己也不敢揭开遮掩弱点的伪装。

当伪装成为了心灵的保护色，我们内心也就同时形成了一种心理防御机制，在某种程度上，它是有益的，可以保护自我在受到超我、本我和外部世界的压力时，采用一定的方式去调解、缓和心理冲突对自身的威胁。即使现实允许，超我接受，本我满足，一些固定化的、消极性的心理防卫也会损害我们的身心健康，让我们与真实的自我渐行渐远。

著名的心理学家西格蒙德·弗洛伊德曾提出过一个核心概念：我们会本能地通过一系列防御性行为来保护自我（我们对自身所期望的样子）。我们的这种防御行为，从长期来看，往往是有害于我们自身的，因为它会剥夺我们处理现实问题的实践机会，而只有这种实践才能让我们的身心最终成熟。

逃避作为一种典型的消极性防卫，以逃避性和消极性的方法去减轻自己在挫折或冲突时感受的痛苦，主要有四种表现形式。其中，压抑是各种防卫机制中最基本的方法。指个体在面对不愉快的情绪时，不知不觉并有目的地遗忘一些自我所不能接受或具有威胁性、痛苦的经验及冲动，比如遇到难以接受的事情，就假装听不见、看不见，就当作没发生一样。运用这种自我保护策略，表面上我们似乎把事情忘记了，而事实上它仍然存在于现实中。当一个人在自欺欺人的时候，其实也是在丧失自己的责任，而我们的潜意识也会因为未解决的问题而积累起大量的焦虑，这在某些时候会影响我们的行为，以至于在日常生活中，我们可能会突然做出一些自己也不明白的事情，因而陷入墨菲定律的旋涡之中。

除此以外，墨菲定律的第二层可怕之处是：即使你承认了"你越想避免的事情就越避免不了，它反而会更糟"，并且想努力消除它，你也极有可能陷入"愈是消除，愈是存在"的困境中。

人们在学习如何摆脱由"阿喀琉斯之踵"引起的心灵困境的时候，总是苦乐交加。乐的是可以适当解决自己的困扰，开始一种崭新、积极的生活；苦的是人们想方设法去处理的缺陷和不足，不可能一下子销声匿迹，总是会反复出现。

就像一个总是想讨好别人的人，一个长久患有忧虑症的人，一个对自己要求过高的人，一个总是苛求尽善尽美的人，从某种意义上说，和一个染了恶癖的酒鬼、一个赌徒、一个吸毒者是具有某些相似之处的。当一个人被迫去戒除酒瘾、毒瘾、赌瘾的时候，可能经过了一段时间的治疗之后，他能够戒掉这些瘾癖，但在一段很长的时间里，他会很容易产生某种情绪上的倾斜，一旦意志稍有软弱，或是受外界某种因素的影响，就会不由自主地回到原来的轨道中去，因为这是他们根深蒂固的行为模式，他们就是靠这些来逃避自己的现实压力的。而我们大多数有着"阿喀琉斯之踵"的人，如果对失败、对自我缺陷、对别人的批评、对工作压力抱有较大的恐惧感，并因此形成了

一套特定的逃避模式，要改变它也并不是一朝一夕就可以成功的。

返回原有状态是每个人的自然倾向，因为像过去那样做总是比较容易的。所以，当焦躁、疲惫、忙碌、空虚再次侵袭他们的时候，他们还是会轻易地、不假思索地回到过去的状态。那些本来被认为已经克服的缺陷、弱点，可能就会乘虚而入，阻碍着这些人的进步和其所取得的成就。

那么，当我们在面对自身的"阿喀琉斯之踵"时，如何避免陷入墨菲定律的旋涡呢？

这就要求我们首先从心理上做出改变。当"阿喀琉斯之踵"对你的学习、工作、生活造成坏的影响时，不要急着去否认、逃避，也不用感到自责和生气，不用再有挫折感、不用再沮丧，而是应该把它当作一种急需改变的预警信号，时刻提醒自己：我能从中学到什么经验？我怎样才能做得更好一些，我如何做才能让自己更快乐、更幸福？

成长不但需要努力，也需要空间，我们只有给自己留出充足的成长空间，才能拥有非凡而长期的收获和快乐。

3. 被你厌弃的，正是你所需要的

古人云："一叶障目，不见泰山。"在克服"阿喀琉斯之踵"的过程中，有些人会犯和古人相同的错误，走向另一个极端。

他们受"阿喀琉斯之踵"的困扰，往往苦不堪言。当他们意识到这种痛苦是由自身某一方面的弱点所引发时，他们会采取积极主动的措施去解决它。这原本是一件好事，然而，由于他们时刻警觉地关注自己这方面的缺陷，以至于看不见自己的优点，甚至无法从完整的角度去公正地审视自己。他们的眼睛里只剩下自己的缺陷和弱点，认为这是自身通向完美的唯一阻碍，所以想把这些缺陷消灭干净。从此，他们便无视自己其他方面的优点。然而，事与愿违，越是这样，他们的"阿喀琉斯之踵"的危害就越会"一发而不可收拾"。

因为他们所有的努力，永远在在修补漏洞，而不是在既有的特质上发展健全的人格。

当我们深入剖析这一过程时，可以看到：当人们时时注重自身的"阿喀琉斯之踵"时，对自身的不满程度已经不合时宜地增长了数倍，这同样是一种失控。

某公司的王女士，年近五十，她的工作业绩在公司有口皆碑。在年轻职员的眼中，她是一个工作认真负责、态度友好、为人热情、乐于助人的公司前辈；在公司的老职员心目中，她是一个大方得体、魅力犹在，容易相处的同事。但她却有一个心结，总是担心自己脸上的皱纹会使自己看上去比实际年龄老得多。

虽然她一直想掩饰这一点，但当有人问起她是否为年近五十而担忧时，她会显出一副毫不在意的样子，开玩笑说："酒是陈的香嘛！"而在私下里，她每时每刻都担心脸上的皱纹会损害她的形象，想尽各种方法让自己重返年轻。

在这个案例中，王女士的问题不是她脸上的皱纹，而是她对于脸上皱纹的在意程度。她极度害怕别人看见自己不化妆的形象，害怕同事觉得自己的年纪比他们大而毫无吸引力，害怕由此影响自己的其他方面。因此当王女士看见化妆品或美容整形的广告时，总会不由自主地想去试一下。

王女士接受了这样一个社会标准，即男人脸上的皱纹会使他更成熟、更出众、更具男性魅力，而女人脸上的皱纹只会让人恶心。她放大了自己的缺陷，低估了自己的形象和生命活力，让小小的缺点遮掩了她全部的优点。

类似王女士这样的人还有很多，因为过于想符合心中的完美，当他们无法完成自己的目标或达到别人的要求时，当他们无法做到像设想中那样好时，他们就会觉得很沮丧、很懊恼，挫折感由此自然而然地产生。他们会自责，甚至疯狂攻击自己："我为什么这么笨！""我连这样的小事都做不好！"而王女士对待自己皱纹的态度已经落入了所谓的不合理信念的圈套。

有关不合理信念的概念，是美国心理学家阿尔伯特·艾利斯在1962年首次提出的，他把主要的不合理信念归为三大类，即人们对自己、对他人、对自己周围环境及事物的绝对化要求和信念，是个体内心不现实的、不合逻辑的、站不住脚的信念。心理学家韦斯特把不合理信念的三个特征归结为"绝对化要求""过分概括化"和"糟糕至极"，它们通常会导致各种各样的神经症状。

其中，"绝对化要求"是指人们以自己的意愿为出发点，对某一事物怀有认为其必定会发生或不会发生的信念，它通常与"必须""应该"这类字眼连在一起，比如：王女士认为"我必须年轻""我的脸上必须没有一道皱纹"等。怀有这样的信念是明显与客观现实相悖的，因为每个人都注定会老去，人的衰老是不以人的意志为转移的。如果对这一点拥有绝对化的要求，就会陷入自己主观的情绪烦恼中无法自拔。

"过分概括化"是一种以偏概全的不合理的思维方式的表现。心理学家阿尔伯特·艾利斯曾说："过分概括化是不合逻辑的，就好像以一本书的封面来判定其内容的好坏一样。"过分概括化会导致人们对自身的评价失真，比如王女士因为自己脸上有几道皱纹，就认为自己是"丑陋无比""遭人嫌弃"的，这常常会导致与现实并不相符的痛苦和焦虑及抑郁情绪的产生。因为人美丽与否并不仅仅在于皱纹，就外貌来说，还包括五官、肤色、身材等，况且，人的美更是外在与内在的结合，皱纹显然并不能代表一切。

"糟糕至极"是一种认为如果一件不好的事发生了，将是非常可怕、非常糟糕，甚至是一场灾难的想法。这种信念常会使人陷入一些极端的情绪体验之中，如耻辱、自责自罪、焦虑、抑郁而难以自拔。他们往往会觉得所遇到的事是大难临头、灭顶之灾。艾利斯指出，没有任何一件事情可以定义为百分之百糟透了的。王女士的皱纹显然不会是灭顶之灾，但她却陷入了这样的不合理信念之中。

当卡尔·古斯塔夫·荣格说"思想的动摇并非正确与错误之间左右不定，而是一种理智与非理智之间的徘徊"时，他已经为我们指明了解决的方向——接纳自己的"阴暗面"、正视自己的缺陷和不足，而并非沉溺于痛苦的感觉经验之中。当你发现自身的"阿喀琉斯之踵"的真正面目时，采取正确积极的态度去对待防治，转弱为强，才能及时找准人生的坐标，将自己从致命的威胁中拯救出来，把你所厌弃的"缺陷"转化为一种能量。

记住一句话：不管"阿喀琉斯之踵"让你多么不堪其扰，它也不过是你完整生命中的很小的一部分！

如果你能够在一定程度上认清自身的价值，那么你大可不必以迫不及待地扔掉自己的"阿喀琉斯之踵"的方式，来证明自己生命的价值，并以此达到理想的目标。在你不断的成长进步中，在不断完善自我的过程中，也不必过度贬低自己，打击自己的信心，而应该从容地认清自我，接受现状，以现在的你作为改进的起点，把你自身的不完美当作追求进步的机会，化缺陷为力量，向着自己的目标前进。

除此以外，如果你想真正学会驾驭自己的"阿喀琉斯之踵"的方法，我的建议就是：欣赏现在的你，包括你的弱点。你可以在控制自我和接受自我之间寻找一个最佳平衡点。你可以充分发挥你能动的创造力和无尽的活力，培养新的良好习惯，使自己逐渐成熟。

在这两极之间，既不是让你过分苛责自己、憎恶自己，把自己束缚在条框之中，也不是让你变得自得自满，随意迁就自己或无视自己所出现的状况。我们所要达到的目标就是，既不会和自身的"阿喀琉斯之踵"盲目对抗以至两败俱伤，也不会沉溺于自身缺点的困境中，自怨自艾。

在这个过程中，如果你暂时达不到这种理想状况，也不要过于沮丧。历史发展的规律告诉我们，事物的发展都不是一帆风顺的，它总要经历一些曲折的道路而最终向前，人的成长也是这样的。

　　一般来说，成长的道路也不是直线进行的，它会以螺旋状的方式逐渐上升，也就是说，人们的成长可能会经历挫折、停顿，或是走两步、退一步，这是"阿喀琉斯之踵"及其他一些外部因素综合造成的。这就要求我们，越是面临成长道路上的困境，越不能沮丧和苛责自己，而要给自己更多的支持和正确的方向，抛弃负累，把"阿喀琉斯之踵"转化为成长的助力。

　　不要自怜自艾、停滞不前；不要给自己设定太高的目标，造成太大的压力；不要因为担心别人的看法而隐藏真实的自我；原谅自己的不完美，同时也容纳他人的缺点和不足之处；不要过高要求自己以及爱人、孩子和同事，脱离想象中的你，成长为欣赏最真实、最完整的自己的人。

　　如果处理得当，你的缺陷和弱点将不再是拘住你心灵的困境，而会促使你活得更好、更出色。

4. 一棵野草乃是一棵优点还未被发现的树

人们与自己朝夕相处，然而又有多少人真正认识自我？

著名的《伊索寓言》里面有这样一则故事：一头没有主张又自卑的驴子，对它自己、它的同伴以及世界和生命都没有了丝毫指望。

有一天，这头忧愁又消极的驴子在野地里无聊闲逛时，突然发现了一张猎人无意间遗留下来的狮子皮。由于穷极无聊，它便将狮子皮整个套在了身上，狮鬃毛乱蓬蓬地围绕在它的胸前。

就在这时，有只小鹿从林中飞跑出来，看到了这只披着狮皮的驴子，还真以为碰到了狮子，吓得飞快地跑开了。没多久，几只小兔子从小径上跑来，撞上了这头披了狮子皮的驴子，同样吓得四处逃散。

驴子见到这种情景，不禁得意，胆子也就大起来了，大摇大摆地四处闲晃。不到一天时间，它几乎把林子里所有的动物都吓着了，村民见到它也都急忙逃进屋关上门窗。

但有一只动物例外，那就是狐狸。它看着这头得意扬扬的驴

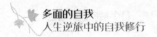
子，冷笑着说："我才不会上你的当呢！我听得出你的叫声，你不是狮子，你不过是头驴！"

村民们知道了这件事，认出了这只卑鄙的驴子，对于它的捉弄感到愤怒万分，狠狠地给了这头驴一顿痛打，以惩罚它的欺骗行为。

从心理学角度来说，那头驴子在发现狮子皮以前，一直是没有内在的安全感的，而一旦它披上了狮子皮，就显得很威武。它原本不健全的自我感觉，在有了那张狮子皮之后，也就有了一种代表强壮和勇敢的东西，内心发生了变化。在它自己的感觉里，它已经是一只狮子了，而不再是一头又蠢又笨、任人摆布的驴子了。但是它始终不知道，威武是来自内心的，而不是来自狮子皮的。

我们都知道故事中的驴子很愚蠢，但在现实生活中，人们却经常披着通过各种方式得到的"狮子皮"，期待实现从驴子到狮子的转变。

有位前程似锦的年轻律师对我说过这样一句话："我最害怕的就是自己内在的弱点最终被别人发现，因而破坏掉我坚强、无惧的形象。"他时刻担心着，一旦"狮子皮"被揭去，他自我的本来面貌就会显现出来，驴子终究还是驴子。

如果这个时候，他能好好地看看自己，努力发掘自己被回避的自我，相信一定会有意想不到的发现。

以那位年轻的律师为例，在外人看来，他自信且有主见，还有着一副极具权威性的外表，他周围的人都十分信任他。然而，一旦你与他讨论外表与实质的差异问题时，你就会发现，他的自卑感与他的外表显然是不相符的。他从来都信不过自己所披的那张既自信又能干的"狮子皮"，他说："我非常害怕别人发现我实际上是多么的敏感。你要知道，我并不像看起来那样勇敢，那只是别人强加给我的而已！"因为他觉得自己披着捡来的"狮子皮"，他时时处于怕被揭穿的恐惧之中，内心苦苦挣扎，但不能自拔。

在心理学中，有一个概念叫作"自我同一性"，是指人格发展的连续性、成熟性和统合感，它一直是心理学中的一个重要概念。通常认为一个人只有自我同一性完成了，才能实现真正的人格独立，即精神上的独立和世界观的独立。"走自己的路，让别人去说吧"，这样的人生信条虽然洒脱，但如果一个人没有形成自己独立的价值观，就会习惯于把别人对自己的评价作为一种标准，而不知道自己的标准是什么。

美国心理学家马西亚在研究青少年寻求自我同一性的过程中发现，有些青少年会出现一种失败：由于从小到大，这些人没有对有关自我发展的重大问题进行过自己的思考，他们自我投入的目标、价值、信仰反映了父母或其他权威人物的希望，从而形成了一种"权威接纳状态"。

处于这种"权威接纳状态"的人，往往会太在乎别人的看法，容易丧失自我。人们真正需要的是：如何进行正确的自我发掘，如何充分地认知自己。只有这样，我们才能在任何时候都懂得如何控制自己的表现，而不会因为丧失了自我的独立完整性，就像变色龙一样随环境的变化而改变自己的颜色。

认知自我，不仅在于了解自己的弱点，与自己的"阿喀琉斯之踵"和平共处，还在于了解、发现自己的长处，并接纳它们，真正认识自我的价值，并且确信"一棵野草乃是一棵优点还未被发现的树"。

正如那头驴子，它天生懦弱胆小，从未想过发掘自己其他方面的才能。只有当它披上了那张狮子皮后，才发现自己原来也能如狮子般勇敢威武，自信也就随之产生了。

那位年轻的律师不明白的正是这一点。其实他根本无须遮掩自己那些所谓的弱点，他完全可以把这些弱点看成自己独有而珍贵的财富予以接纳。如果他能承认事实客观存在，坦然地面对自身能力的某些不足，也许反而不会有那么多疑虑，不会再有那么严重的自卑感了。

真正地认识自我，不是一件简单的事，但最重要也是首要的是，你必须接纳并且承认真实的自己。你要明白，人人都是有弱点的，而有弱点并不是世界末日。

当你真正明白自我，真正能够接受自我的一切时，无论是短处还是长处，我都要恭喜你，因为你已迈出了寻找自我中很关键的一步。

这时，虽然你已不为你的某些短处感到自卑，但可能还是免不了会想："命运实在不公平，我要是再聪明一点，再成功一点该多好！"但命运是有其特性的，就像某些无法消失的"阿喀琉斯之踵"，绝对不容谈判，绝对不可改变，也是绝对不会向你妥协的，但这只是问题的一半而已。

人们的命运虽然具有不可抗拒的、绝对的"特定性"，就像我们拿在手里的一副纸牌，它可能很好，也可能很糟，但一旦你拿到它，它就属于你了，你就有了支配它的自由。

找回自我并不难，你可以从你每日的思想中获取对自我感觉的认知，并从中获取一些新的体验。

当你体验到真实的自我时，你的感觉会非常良好，你的心灵会充满期待而不是无望，充满欢乐而不是绝望，满足而不是焦虑，平和而不是愤怒，接纳而不是羡慕，自重而不是骄傲，完整而不是孤独，充实而不是恐惧。

但切记不要把"自我感觉良好"与"受欢迎"混为一谈。"受欢迎"是指别人觉得你好。而你对自己的人、自己的性格和自我成就所持的看法到底是什么，很值得你去充分认知。

我相信，如果你充分体认了自我的真实感觉，并要求改变，把被你认为是缺点的地方，善加分析和把握，反过来，它会成

为一种你先天的优越条件。

　　你无须耗费太多的金钱和时间，就可以获得生命的新起点，发展出你独有的自我优势。

02 被误解的自我

情绪是人类独有的
特殊财富

【心理测试】你焦虑吗?

在日常生活中,每个人都免不了会碰到各种各样的挫折、困难和失败。每当这时,你是否会不由自主地感到紧张? 是否会产生不同程度的沮丧或惧怕的心理反应?

如果答案是肯定的,请不必为此而慌张。你可以通过完成以下的SAS焦虑自评量表,看看自己是否存在焦虑的症状。

(指导语:该量表评定的是你过去一周的情绪体验,请根据你的真实情况对下列的描述做出回答,然后参照后面的评分标准算出得分。A.很少有 B.有时有 C.大部分时间有 D.绝大多数时间有)

(1)我现在感到自己比往常更容易神经过敏和焦虑;

(2)我常会无缘无故感到担心;

(3)我容易心烦意乱或感到恐慌;

(4)我感到我的身体好像被分成了几块,支离破碎;

(5)我感到事事都很顺利,不会有倒霉的事情发生;

(6)我经常觉得四肢抖动和震颤;

(7)我因头痛、颈痛和背痛而烦恼;

（8）我感到无力而且容易疲劳；

（9）我感到很平静，能安静地坐下来；

（10）我感到我的心跳较快；

（11）我因阵阵的眩晕而感觉不舒服；

（12）我有阵阵要晕倒的感觉；

（13）我呼吸时进气和出气都不费力；

（14）我的手指和脚趾感到麻木和刺痛；

（15）我因胃痛和消化不良而苦恼；

（16）我必须频繁排尿；

（17）我的手总是温暖而干燥；

（18）我觉得自己的脸时常会发烧发红；

（19）我容易入睡，而且晚上休息得很好；

（20）我常做噩梦。

计分标准：

	A	B	C	D
（1）	1	2	3	4
（2）	1	2	3	4
（3）	1	2	3	4
（4）	1	2	3	4
（5）	4	3	2	1

（6）　1　　　2　　　3　　　4

（7）　1　　　2　　　3　　　4

（8）　1　　　2　　　3　　　4

（9）　4　　　3　　　2　　　1

（10）　1　　　2　　　3　　　4

（11）　1　　　2　　　3　　　4

（12）　1　　　2　　　3　　　4

（13）　4　　　3　　　2　　　1

（14）　1　　　2　　　3　　　4

（15）　1　　　2　　　3　　　4

（16）　1　　　2　　　3　　　4

（17）　4　　　3　　　2　　　1

（18）　1　　　2　　　3　　　4

（19）　4　　　3　　　2　　　1

（20）　1　　　2　　　3　　　4

评分标准：该量表的主要统计指标为总分。自评者评定结束后，将20个项目的各个得分相加后再乘以1.25，然后取其整数部分，即可得到标准分。

结果分析：标准分的临界值为50分，分值越高，焦虑倾向越明显。一般来说，焦虑总分低于50分者为正常；50 ~ 60分者为轻度，61 ~ 70分者为中度，70分以上者为重度焦虑。

1. 接受每一种情绪，承认它的存在

　　街上匆匆赶路的人群，周末突然发来的与工作有关的消息，镜子里日益后退的发际线……在这个匆忙的时代里，焦虑似乎成了人们生活的常态，成为危害人们心理健康的一种顽疾。

　　心理学家阿伦·特姆金·贝克曾经指出，焦虑之所以会产生这样巨大的破坏性，是因为它会让人有一种脆弱感。感到焦虑的人们，总会企图回避生活中出现的冲突。尤其是在经历失败之后，恐惧、紧张和无助感加重，会产生强烈的心理应激。严重者还会出现注意力涣散、记忆力减退、思想慌乱、无所适从，不能连贯地分析问题，容易产生极端念头，逻辑思维混乱不清，认知不能结合实际情况等现象。

　　所有此类混乱常集中到一点，就是对自身能力的怀疑，夸大自己的无能和失败，从而对工作和事业灰心丧气，摇摆不定。对自己要做的事，欲行又止，顾虑重重。同时，所有这些认知和行为上的混乱，又加重了自身的恐惧和忧虑。有时，对恐惧的预期，还会导致易怒和暴躁、怨天尤人和厌烦。

　　为了每天扮演好一个情绪稳定的成年人，人们想出了无数种缓解焦虑的办法，但都收效甚微。为了彻底搞清楚焦虑的发生机制，我们首先要明白的一个问题就是：焦虑情绪究竟是如何产生的？

有人说，焦虑来源于恐惧，因为无法控制人和事物的发展变化，所以对不确定性出现了恐慌的情绪。这种观点不无道理，但我认为，焦虑并不产生于单纯的恐惧。因为恐惧作为人类的一种正常情绪，它具有保护性特征，使有机体能躲避危险。只有对恐惧本身感到恐惧时，恐惧才具有真正的破坏性。

法国哲学家米歇尔·德·蒙田说："我的生命中充满了可怕的不幸——大多数从来没有发生过。"人们之所以陷入这样一种困境，原因之一是人们常常被自己根本不明了的恐惧置于手足无措的境地，甚至因为强大的心理压力，会在不知不觉间否定恐惧感，仅仅因为害怕而害怕，搞不清自己的问题究竟出在哪里。

我有一个朋友小兰，前段时间，她被确诊患有乳腺癌。但令人费解的是，当朋友去安慰她时，她却显得满不在乎，反而比以前更加活跃。在聚会上，她精力充沛，光彩照人，话也说得特别多。她不断地向身边的朋友描述，她的生活过得多么快乐，丈夫工作多么顺利，自己多么愉快，孩子听话又聪明。

整个下午，她说了很多她生活中的事情以及她怎样努力积极地学习电脑的情形。起初，我并不能从她琐碎的叙述中立即

明了她所要表达的情绪，只是觉得有些异样。直到聚会快要结束的时候，她才沉默了一下，说："噢，顺便告诉你们，我过两天要去医院做手术。医生有些担心那些癌细胞扩散，想切除它们。"

说这些话的时候，虽然她脸上洋溢着微笑，手里满不在乎地玩弄着杯子，但作为一名心理研究者，我明白了问题的症结所在，她最后所说的事情才最能代表她的真实情绪。

我关切地问："小兰，我想陪你去医院，你同意吗？"这时候，她整个人都变了，脸上失去了原来无忧无虑的光彩，肩膀也一下松懈下来，显出一副不堪重负的样子："噢，你有时间吗？虽然我不担心情况会恶化。但如果你愿意陪我去，我会很放心的，也算是个安慰吧。"

直到现在，小兰仍然不愿意让人看见她有丝毫的紧张和畏惧，她把恐惧和焦虑深深地埋在心里。她否认乳腺癌可能会让她失去女性最优美的部分这一不安的想法，结果最终带给她更现实、更严重的恐惧和焦虑。

在小兰看来，否定是对付恐惧及一些消极思想的最有效药方，她出于本能采取了这样一种听天由命，船到桥头自然直的态度。似乎只要否定自己真实的感受，就能推翻令人畏惧的客观现实。她希望以否定任何对痛苦本质的感觉，来否定痛苦本身，这显然是不能够奏效的，即使她竭力掩盖这一点，但所有人都能看出她内心深深的不安。

逃避恐惧，否定自己感觉情绪的权利，就等于否定自己快乐的权利，否定自己生存的权利。因为，当你在逃避畏惧的时候，你要时时提防恐惧的感觉的侵袭，然而恐惧的入侵是无孔不入的。你越逃避，神经就会越紧张，紧张反过来又会加重恐惧的感觉，从而陷入恶性循环。

不管是焦虑还是恐惧，每一种情绪都是客观存在的，它是身体的语言，是自我与我们交流的工具，但是我们却经常否认这一点。

在我们所受的教育中，父母会在孩子哭的时候告诉孩子："不准哭了！"或是"别哭那么大声！"在孩子难过悲伤的时候，父母通常会劝慰："不要难过了。"这些"不要""不准"无疑是在告诉孩子们，这样不好，人活着就应该笑、就应该快乐，恐惧、悲伤这些情绪都不该存在。

实际上，情绪作为个体愿望和需要为中介的一种心理活动，它的动力性有增力和减力两极。一般来说，当人的需要得到满足时，就会产生积极的情绪；当人的需要得不到满足时，就会产生消极情绪。积极情绪会增加人的活力，而消极情绪则恰恰相反。

人有喜、怒、哀、惧、惊、恐、悲，这就注定了人的情绪不可能是静如止水的。

美国心理学家保罗·艾克曼指出，人类的四种基本情绪就是喜、怒、哀、惧。这四种情绪自由组合，就会产生无数种复合情绪。

人生不如意十之八九，换成心理学语言就是，人的需要大多数情况下不能得到满足，所以，人体会到负面情绪的机会往往多于体会到正面情绪的机会，但人们往往不喜欢消极情绪，所以总是试图去回避它。尤其是在经历失败之后，恐惧、紧张和无助感加重，就会使人产生强烈的心理应激。

虽然我们强行将情绪分为三六九等，但情绪本身是没有好坏之分的。喜、怒、哀、乐、悲、恐、惊，所有这些情绪都是人生来就应有的权利。任何情绪都是我们必不可少的一部分，都会在不同的场合对我们有所帮助，比如在危险的火灾中感到恐惧，我们就会产生逃生行为；当我们对考试感到焦虑就会促使我们努力复习；当我们的自身利益受到侵犯时，愤怒会保护我们；在面对不公平的对待时，采用一定的方式震慑敌人，争取权益；在亲人过世的时候，悲伤的泪水能宣泄我们的悲痛……

只有先接纳情绪，我们才能进行正确的情绪表达。临床心理学家发现，情绪的适度表达会让人觉得更加轻松和自由，让自身的压力得到宣泄，获得更完整的主观幸福感。当人们掩饰自己的负面情绪时，也就阻止了自己表达和宣泄的过程，让人变得压抑，常常会被消极情绪所束缚。

人们经常会说："这种感受太糟糕了，我想赶走这些不好的感受。"可事实上，只有当我们不再排斥负面情绪，而是能敏锐地感知自身的真实感受，不排斥、不评价、不拒绝的时候，我们才会对自己产生更深的理解，只有接纳了负面情绪之后，负面情绪才会自己逐渐消失，而不是被我们强行"赶走"。

如果为了避免体验到消极情绪，害怕受其影响，而试图去赶走它们，只想靠理智生活，那是完全不现实的。

正确地对待消极情绪的方法是，首先，你要知道这些情绪感觉是应当存在的，不要否定它。然后，在深呼吸中触及这种情绪，描述它、体会它、表达它，不要试图与之抗争。

有些人想通过理智控制情绪，但是情绪并不像水龙头一样想关就能关得住，它并不听命于理智。即使我们真的做到了喜怒不形于色，也不见得就是一件好事，因为这必然是以压抑我们自身的真实体验为代价的，会让我们的身心陷入更加危险的境地。

你是整体的你，而不仅仅是快乐、幸福的你。或许生活中你是一个理智大于情感的人，但更重要的是，你应该给予你自己感觉的权利，即使是一些消极的情绪，也都有其存在的价值，就像香港女作家林燕妮的一首诗里所写的那样：

此刻 / 任何人都不能给我温暖 /

当一个人对自己失望 /

当一个人失去目标时 /

安慰 / 只不过是塑胶点心 /

虽然看着开怀 / 到底不能吃下去疗饥 / 那么 / 就让我在冷冷

黑黑的孤独中 / 自暴自弃一会儿吧

人 / 实在很难天天昂着头 /

气势如虹地向前冲 /

也许 / 我根本需要休息 /

我根本需要退步一下 /

消沉够了 / 我自会再度爬起来 /

目前 / 我需要近似死亡的歇息

逃避不是解决问题的办法，消沉之后自会有气势如虹。一旦
你能够坦承自己的各种恐惧，接受自己的情绪，改变就已在悄
然发生。

2. 都市新症：失乐群

在我们身边，经常会看到这样一群人：

他们崇尚自由，渴望毫无羁绊的生活。他们不愿意做安定平稳的工作。他们不喜欢规章制度、条条框框的约束，"跳槽"及不断地换工作是他们行为特征的一部分。他们似乎永远无法从一种工作中获得真正的满足和快乐。有时候，甚至家庭也会成为他们的一种负担。他们在不同的城市，不同的工作单位之间辗转流徙。

如果你问他们这样做的原因，其实连他们自己也不特别明了自己到底在追寻什么，但是他们说，自己的信念只有一个，那就是自由。

陈峰就是这个人群中典型的一员。他今年35岁了，换过的工作不计其数：从电脑维修员到公司职员，从推销员到工人，从服务员到教师……他从事过各种各样的工作，每次找到新工作的时候他总是热情洋溢，但没过几天就又兴趣全无。这种自由随性的状态虽然看上去洒脱，却让陈峰疲惫不堪。面对一个新工作，他总会从充满期待快速滑落到心灰意冷，情绪就像坐

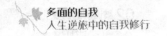
上了过山车。虽然有时候，他也会羡慕那些可以在一个领域坚持奋斗的人，但自己却总是做不到。在他看来，自己每次离职的理由都非常正当和充分，"我很想踏实工作，只不过这份工作跟我想的不太一样"。

像陈峰这样，在工作—辞职、辞职—工作之间徘徊的人，真的是想要追求自由吗？

这使我想起《唐·吉诃德》这部戏，其中有这样一幕：一头马戏团的狮子总想离开囚禁它的笼子到外面去。有一天，驯养员一时疏忽，竟忘记锁住笼子。这头狮子大喜过望，立即跑出笼子投奔自由的天地。然而，当这只狮子站在笼子外面时，忽然觉得很迷茫、很恐惧，自由让它不知所措。它不知道自己究竟要自由做什么，也不知道在自由里怎么生活。最终，它又转身跑回笼子里去了。

很多人向往自由，不是因为他们有一颗自由的灵魂，而是以此当作逃避约束，畏惧责任的借口。因为害怕来自家庭、社会、事业、成就等各方面的责任与压力，讨厌各种约定俗成的习惯与规矩的约束，或厌倦一成不变、极少新鲜和刺激的普通家庭生活，所以选择了逃离，这使得他们拥有了漂泊不定的想法和行为。

他们会为了生活的物质基础而去工作，也会为了工作这一极富责任性的束缚而选择离职。可是，当拥有自由的时候，他们并不知道要拿这些自由去做什么。因为不知道内心的真实想法，所以他们并没有从自由中感受到快乐与轻松。相反，这些自由带给他们的往往是困惑与迷茫。

除此以外，在我们的身边，还有另外一群人：

白天的时候，他们被众人环绕，却害怕在朝九晚五的工作之后独自面对自己的影子。他们拒绝面对孤独时的恐惧，所以用无数繁杂却又毫无意义的活动和无数毫无意义的人际关系来填满自己的空余时间。

相对于承认自己是个孤独的人，他们更愿意被别人想象成是世界的中心。

然而，他们越是这样，孤独的情绪就越会如影随形。时间久了，他们发现自己变得更加孤独、空虚，无论做什么，都无法感受到快乐的情绪。

否认且畏惧孤独这种真实的情绪，只会给他们造成极大的心理困境，而困境中的他们是万物之灵。

对于这两种类型的人，如果进一步了解他们的内心世界，你就会发现：他们虽然每日与自己同在，但同时也都畏惧面对自己。这两类人患上了同一种心理疾病——"失乐症"。

"失乐症"是一种心理病症，具体是指失去满足和快乐的能力。很多人之所以会陷入这种心理困境，就是因为他们不肯面对真正的情绪，对身体发出的真正需求视而不见，才会与自己

真正想要的东西渐行渐远，永远丧失了享受满足和快乐的体验。

究其原因，上面两类人的不幸都在于，他们没有找到自己人生中真正的问题，归因方式出了问题，他们将自己不快乐的原因归因到外界，结果导致了更大的不快乐。

归因理论是一个心理学概念，是指在日常的社会交往中，人们为了有效地控制和适应环境，往往会对发生在周围环境中的各种社会行为，有意识或无意识地做出一定的解释，即认知整体在认知过程中，会根据他人某种特定的人格特征或某种行为特点推论出其他未知的特点，以寻求各种特点之间的因果关系。

换句话说，归因是指人们对自己或他人的行为进行分析，推论出这些行为的原因的过程。不同的归因方式，可能会直接影响人们对事件采取的行为方式和动机的强弱。

对于上面两类失乐症症候群来说，正是由于他们不敢面对自己的内心，对自我产生的种种情绪避而不见，才会在向外求乐的过程中，离真正的自己越来越远，甚至越努力越迷茫。

仔细想一想，那些让我们避之不及的情绪真的有那么可怕吗？

事实上，一定程度的孤独未必不是一件好事。当你面对孤独并审视自己的时候，奇迹往往由此发生。孤独往往并不表示你被排斥或遗弃，而是表示你与自己同在。一些有才华的人往往都会自怜自恋，即使他们的事业发展得很顺利。他们的付出也在相当程度上得到了回报，但他们仍然会继续自怜，常常会把自己想象成为曲高和寡的独奏者，心中也往往会期待着伯牙、子期的出现，这正是他们畏惧孤独时，逃避畏惧的表现。

然而，谁也不能在失意、空虚的时候，随意找个人来填补自己的时间，并以此来排遣孤独。解决孤独的办法只有一个，那就是面对它、正视它，认清它的客观存在性。要知道孤独不是过错。害怕孤独也不是过错，但是不能逃避自己畏惧的感觉。

责任真的这么可怕吗？

事实上，如果你害怕责任，你将永远不会对自己、对自己的现状感到满意。不论你得到了什么，得到了多少，如果你逃避这种畏惧感，选择否定它、忽视它，那么你将永远无法摆脱它。要知道，自由是需要责任才能维持的。如果只追求前者而逃避后者，快乐也会变成镜花水月。这就是畏惧责任者最可悲的地方：气喘吁吁地寻求快乐与自由，结果却急匆匆地与自由和快乐擦肩而过。

说到底，快乐其实并不难，唯有解开我们与自我之间的误会，重新构建起与之交流的通道，才能扫清障碍，收获幸福。

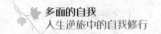

3. 守护你的愤怒能量

当你因为某人某事而感到愤怒时，通常会做出什么样的反应？

戴维·迈尔斯在《社会心理学》中这样写道："台湾的一项调查发现，大多数民众生气时的举动是生闷气，其次是掉头就走和大骂，可见中国人生气首先是习惯压抑，其次是忽略愤怒，最后是怒形于色。"

虽然"无法表达愤怒"在全世界范围内都是一种普遍的心理现象，但在我们这个人情社会，这一问题显然更加突出。为了获得更多人的喜爱，为了表现出自己良好的教养，很多人都习惯在处理事情时竭力避免冲突，甚至有时为了考虑别人的感受，而过度压抑自己不满及愤怒的情绪。

在我接待的案例中，有一位王女士。她是一位善良、能干、性情温和的女性，她对我说，自己结婚这么多年，从来没有和丈夫吵过架，但两个人感情却很一般，平时很少沟通，孩子的学习成绩也很糟糕，还常常偷拿家里的钱，举止充满敌意和叛逆，常常和父母冷战。

这些事情经常会让王女士产生很严重的挫败感，甚至让她出现了严重的酗酒倾向，导致身体出了毛病，如肠胃问题和头疼、心脏问题等，这些不良情绪的堆积严重影响了她的日常生活，使得她不得不来找我寻求帮助。

在这个案例中，王女士需要面对的，就是一个典型的"压抑愤怒、否定自己愤怒感"的心理困境病例。因为无法接受自己拥有愤怒的情绪，这么多年来，她始终在逃避和隐藏自己的愤怒，即使在愤怒情绪出现之后，她也拒绝承认，甚至视而不见。

谈话中，王女士告诉我，小时候，她有一个易怒专制、反复无常又神经质的母亲，她为此吃尽了苦头，心灵蒙上了挥之不去的阴影，她每天都极度害怕见到母亲愤怒的神情，并发誓不要变成像母亲那样的人。所以，王女士养成了一种克制的习惯。她始终把自己的愤怒藏在心底，忍气吞声，从来不把愤怒的行为表露出来。

正是由于童年的创伤，王女士不自觉地应用了一种反向形成的心理防御机制：把无意识之中不能被接受的欲望和冲动转化为意识中的相反行为。这是一种矫枉过正的心理防御机制，它显然并不成熟，如果过度使用，只会不断压抑自己心中的某种情绪。王女士由于厌恶母亲的愤怒，便要求自己永不愤怒，即使当自己有表达愤怒的需要的时候。长此以往，只会让自己越发不敢面对真实的自己，也活得越发辛苦和孤独。

但是，这样做真的有用吗？那些被压抑下去的愤怒情绪真的就这样凭空消失了吗？

当然不会，愤怒作为人类的基本情绪之一，是人的一种本能，我们每个人都体会过愤怒的感觉，从心理学上来说，愤怒是愿望或利益一再受到限制、阻碍或侵犯时，内心紧张和痛苦状态逐渐积累而导致的带有反抗和敌意体验的情绪。如果用一句话来概括，就是对他人的攻击欲。

当我们的需求没有得到满足，或者当我们的边界受到侵犯时，身体就会借助愤怒的情绪来提醒自己或对方。有研究表明，出生3个月的婴儿就已经能产生愤怒的行为反应，如果他的需求没有被满足，他就会用哭闹，甚至伤害自己的行为来表达自己的不满。

我们产生的每一种情绪，都是一种内在的生命能量，就像一条流动的小溪，如果我们把水流截住，它不会消失，而是会越积越多，直到最后冲毁堤坝，以另外的方式呈现出来，或者转而流向其他地方，也就是转化为自我攻击。

这种被压抑的愤怒是无法长久隐藏的，当不满或生气的时候，无论是否把愤怒的情绪表达出来，他都已经有了那种愤怒的感觉。压抑、隐瞒愤怒并不能够使愤怒消失，相反地，他可能会因为满腔怒火无处宣泄而陷自己于困境之中，这会从生理和心理两方面表现出来。以王女士为例，她把不满和生气隐藏在心里，日累月积，身体就受到了极大的影响，对健康造成了损害；另一方面，在心理上，她畏惧自己可能会因为控制不了情绪而伤害他人，已经到了几乎患上恐惧症的地步。

这是因为，当我们感到愤怒时，心里会有一个攻击的目标。如果这种愤怒能量没有在第一时间得到释放，它就会积存在我们的身体之中，即使我们已经忘了当时愤怒的理由，愤怒的感觉还在，这种愤怒没有明确的指向，就会"泛化"，让我们对整个世界充满敌意，如果我们不能及时将这种愤怒识别出来，反而会对自己这种能量产生恐惧，因而从泛化的愤怒，转化成泛化的焦虑。

心理学家艾耶·古罗·勒内说："我们必须要倾听自己的愤怒，因为它能帮助我们保持个性的完整。"很多时候，我们拒绝表达自己的愤怒，是因为我们想维持与外界的良好关系，然而，事情真的能如人们所愿吗？

恰恰相反，一个不能感受并表达愤怒的人，也就不能感受并表达爱。当人们压抑愤怒时，也就同时阻止了自己真实情绪的自然流露，封锁了与他人发生深层次交流的连接通道。如果你否定那些不好的、负面的情绪，那么你就丧失了为自己争取那些正当感觉的机会。消极情绪可能会让你感到痛苦，但这一点，正是你进行自我改变，让自己变得更快乐、更好的起点。

不要害怕失控，以全面开放的心灵去迎接失望和受伤害的感觉，这样才有可能针对它们去解决问题，王女士的误区就在于此。在她看来，如果丈夫不理解她并且不让她做某件事情，而她因此生气的话，就表示她不在乎丈夫的话，不再爱他了；同样地，如果她对孩子表示不满与愤怒，可能就代表她不喜欢她的孩子了。王女士想通过压抑愤怒的方式表达自己对家人的爱，但实际上，她的这种行为却给家人留下了一种冷漠、不在乎的印象，压抑愤怒，否定自我价值、否定责任，逃避自尊的情绪，正是她问题的症结所在。

为了解决这一问题，关键是找到一个平衡点，用恰当的方法表达自己的愤怒：当你感觉到愤怒的时候，你需要勇敢地面对它，告诉别人你的感受，以达到解决、协调的目的。下面这些方法可以给你提供一些参考：

第一，告诉对方你愤怒的感觉，与对方讨论而不是大吼大叫。

美国威斯康星大学的李奥纳·博考准兹博士，曾经研究过攻击的社会成因，他得出的结论是：大喊大叫不能够治愈愤怒。相反，"常常当我们责骂一个人的时候，就是刺激自己产生持续性攻击的行为"。因而，大吼大叫不是处理愤怒的最健康方式。

第二，当你感觉愤怒的时候，要坦然承认自己是在生气。不要让自己形成这样的看法，认为感到愤怒的人都是不称职、小肚鸡肠的。

第三，当你生气的时候，先冷静思考一会儿，以免针对愤怒做出失控的行动或说出不合适的话。

美国佛罗里达州州立大学杰克·霍甘森博士所主持的一项实验研究发现，表达愤怒是有益的，但必须在某些条件许可之下。

研究结果显示，男人和男人生气的时候，攻击性行为可以宣泄情绪。如果愤怒的男性学生能够把敌意发泄到激怒他们的男性身上，血压就会很快地降回标准水平，但这只限于同等同性之间。如果男生想向老师表示愤怒，就会由于过度不安而无法发泄情绪，缓解压力。

而女性对待愤怒的方式与男性不同。当女性和女性生气时，她通常不会与对方动拳动脚地开战，反而会说一些不失礼貌甚至和善的话来使对方平静下来。就女性而言，攻击性行为会令她不安，这与男性为攻击有权威的人而感到不安的情绪相仿。

杰克·霍甘森的研究显示，以攻击性和狂暴的方式表示愤怒，是一种学习而得到的反应，是后天接受的反应，而不是自我本能的反应。如果有人刺激而使你愤怒时，你会失去自我控制力，大声咒骂、摔打东西，会暂时性地产生一种宣泄效果。但这并不表示你的愤怒会减少一些，也不表示以后你就会少生一些气，同样也不表示你在教会自己学习缓解愤怒的积极方法，这只是显示你在学着如何以这种方式来应付愤怒，这并不是表达愤怒的理智认知。

对于愤怒情绪，我们所能理解的最佳认知，从来不只是出了

一口恶气那么简单，而是让自己脱离愤怒的泥潭、脱离畏惧愤怒的困境，重建自己和自己、自己和别人的关系，重新找到关系中的平衡，做一个快乐、健康的人。

4. 自卑的本质：如何逃离自己的影子

自卑感会带来什么？

丧失自信心、患得患失、以偏概全、忧郁怯懦、性格孤僻，与人交往时往往被孤立……似乎随便一件小事，都会很轻易地把你送入心灵困境之中，让你备受苦楚。

自卑心理产生的情况比较复杂，从最本质上说，自卑来源于最原始的攻击性，这种攻击性是所有生物都具有的一种生存的本能。攻击性不仅呈现在行为层面，还呈现在心理层面，即喜欢跟人比较的心理。比较是渴望竞争的结果，而竞争本身即是击败他人的渴望，也就是对他人的攻击渴望。而自卑者通常压抑了自己的攻击性，因为他的假想敌通常总是非常完美或不可战胜的，他无法战胜这样的对手，所以就把攻击性朝向了自己，体会到一种已经战败的感觉，自己瞧不起自己。

所以，自卑者通常渴望胜利，瞧不起失败者。如果一个人没有攻击性，那也就不会有比较，也就不会感到自卑。瞧不起自己的人也就瞧不起他人，不会欣赏自己的人也就不会欣赏别人。

为了搞清楚人们产生自卑背后的心理动机，美国甘斯维尔的佛罗里达大学的教授查尔斯·S.卡弗和隆纳·甘尼伦在《变态心理学杂志》上发表了一篇文章，讨论人为什么会陷入沮丧和自卑。为此，他们设计了一系列的实验来证明可能导致一个人自卑的三种态度：第一种是试图达到不可能的标准；第二种是在失败的例子中对自己要求太苛刻；第三种是过度的以偏概全。这三种态度都是在一个人不断失败而自觉无用时所表现出来的，其中，影响最大的一种态度是"以偏概全"。

很多经常感到自卑的人，实际上还是能够胜任自己的本职工作的。之所以产生自卑感，往往是由于以偏概全，总觉得自己毫无可取之处。这种源于害怕自己毫无价值的畏惧感，断送了很多人享受成就的权利。

每个人在成长过程中都产生过自卑的想法——"别人做得比我做得好多了""我好像没有办法做对任何事情"或"我不如别人"诸如此类，但现实真的是这样吗？

事实上，如果你仔细回忆过去所做过的事，就会发现：你并没有你想象的那么糟，甚至有些地方还相当不错，虽然有些事情你确实没有做好，但如果从宏观层面来看，你做好的事情也远远多于你做得不好的事情，而你却花了太多无谓的时间、精力去注意那些你做得不好的事情，从而产生自卑心理。

伍刚是我朋友中成就最大的人之一。他在自修完国内大学的课程之后，考取了美国一所大学的工商管理硕士学位。学成回国后，他在一所大学里教书，也颇有一些研究成果，在国内外发表了几篇很有影响的论文。除此之外，他还成立了一家有名的设计工作室。他的一些平面设计和风格独特的雕塑备受业内人士的好评。他的作品经常被人购去收藏及展出，他是个很优秀的科研人员和极富创作生命力的艺术家。

可就是这样一个人，常常会莫名地陷入自卑沮丧的情绪中："我有时会觉得我自己没有什么价值。"他的这种情绪也影响了他的工作室的业绩和创作。

在他最近的一次个人作品展上，我目睹了他的作品好评如潮的情景，我替他高兴并为之骄傲。然而他却告诉我，他觉得他的作品没有哪一个比他预想得好，他认为自己的创作历程走到了尽头。我看见他这样毫无理由地否定自我、贬低自我，恨不能来个当头棒喝："住口！你为什么这么盲目地自我贬低呢？难道你看不到自己的成果吗？"

然而，我知道，这样做对他来说是治标不治本的。他的症结在于，他害怕自己被人否定，害怕别人将他说得一无是处，害怕自己不符合别人的期望。这种心病使得他无法享受自己的成功。为了掩饰自己的自卑感，他拼命在多个领域取得更多的成绩以证明自己的能力。然而，这种物质上的收获和名声上的彰显，对他而言只是加深了他的空虚和畏惧。他从自己的辛苦和全心全意的努力中获得了一些逃避自卑的快感，过后却给他带

来了更大的压力和沮丧。

这种"以偏概全"的想法占据了他的大脑。由于害怕自己没有任何价值，害怕别人失望而导致他出现了严重的自卑情绪，使得他常常陷入沮丧和自卑之中。

巨隆·贝克博士曾经对感到自卑的人和很少感到自卑的人做过一个实验，实验经过刻意的安排，使得每一组的测试者都会有一半项目成功而另外一半项目失败。实验结束之后，研究者发现，沮丧自卑的测试者谈论的是他们的失败，而没有沮丧自卑的人则讨论他们的成功。应该这么说：不论你把事情做得多么好，也不论你取得了多大的成就，如果你不能坦然面对自己的情绪，告诉自己是无法让所有人不失望的，你就永远无法体验到成功的快乐和满足。

自卑情绪并没有你想象的那样可怕，说到底，自卑只是一种主观上自我不良的感觉，它的背后隐藏的是消极的、不客观的自我评价或信念，以及伴随自卑感而发动的行为。但感觉不是事实，一个人自卑并不代表他真的不好，更不代表他会永远自卑下去。

心理学家阿尔弗雷德·阿德勒在其著作《超越自卑》中认为，人类的行为都是出于自卑感及对自卑感的克服与超越。在他看来，人生本来就不是完整无缺的，有缺陷（包括身体缺陷）就会产生自卑，但这并不是懦弱或异常的代名词，实际上，这种情感是隐藏在所有个人成就后面的主要内驱力，它督促我们在成长中奋发图强，克服自卑感，并将其转变为对优越地位的追求，以获取光辉灿烂的成就。

有一首诗这样写道："两个人望穿，牢房的铁窗。一个人望见星，一个人望见泥。"如果此刻的你正被自卑情绪所困扰，你可以试试从调整认知开始，重新建立起与自己内心联系的通道。

首先，你可以尝试着给自己设立一个不太高的期望值，不要让那些永远做不到的事葬送了我们的信心。

其次，不要对自己太苛求。人不是神，既不会十全十美，也不是全知全能。

当你面对别人的失望或者来自自我的失望时，你可以笑着对那些失望的人说："我对你的失望很失望。"别人的声音只是你生命的背景，你不必在对自己的失望及他人对你的失望中选择自我退缩。否则，这种消极的情绪势必会以自我否定的形式，让你的心情变得沮丧。实际上，你不必对任何人的失望负责，更不必对这些源于过高期望的失望负责，你与自己同在，你为自己而活。

最后，不要以偏概全，看不见自己的缺点是可悲的，夸大自己的缺点则更加可悲。试着发现自己的优点并学着经营自己的优点，用好的感觉慢慢替代不好的感觉，将自己的关注点从"怎么消除自卑"，转到"怎么带来自我价值感"上来，自卑感自然会越来越少。

5. 关于沮丧：尝试着向沉默发问

在人的一生中，可能遇到的生活挫折数不胜数。从被批评被指责到被谣言中伤，从上当受骗到遭人遗弃，从被冤枉到遭人背叛，从受伤害到完全无力自救，从失去所有财产到坐视梦想的碎灭，有许许多多可挽回或根本不可挽回的事情发生在我们身上，让我们感受到自己的渺小无力。

所有的励志鸡汤书籍都在告诉人们，应当快快乐乐地过好每一天，但这个道理说起来简单，做起来却很难。那许许多多的挫折总是会在我们心底留下大大小小的伤痕，在旧疮隐隐作痛的时候，人们往往会觉得太阳也失去了光彩，生活没有什么意义。在阳光灿烂的日子里，生活留给人们的却只有沮丧。

当自己在生活中碰得头破血流时，有些人妥协了，他们改变了自己原有的特质，甚至下意识地或者无法自控地去做一些违背自己意愿的事——他们在不愿意面对、不敢承认某件事情的时候说谎；他们在父母婚姻观念的影响下放弃了爱人及被爱的权利；他们在愤怒的情绪面前束手无策；他们永远都在做完一件无法更改的事之后才能了解自己真正的需要；他们一面受着年幼时父母不恰当的管教所造成的伤害，一面又以同样的方式对待自己的孩子；他们在害怕自己达不到别人的期望值的时候，选择逃避，逃避责任、逃避诺言甚至逃避自己；他们害怕自己的关爱遭到孩子的拒绝，就以严格的管制来替代，结果只是徒增了孩子的反抗和叛逆；他们永远活在昨日的情节里，他们永远受着过去阴影的影响……

挫折和失落盘踞在他们心底，他们却只会一方面神经质地试图为"已经发生的事"去做徒劳的补偿；另一方面又渴望自己脱离沮丧的控制，让自己的痛苦能得到片刻补偿。

如果说自卑的人处于一种不了解自我的迷茫状态，那么，沮丧的人感受到的则是一种清醒的痛苦。对于生活，他们有很明确的期望，期望别人如何对待自己，自己如何做人……他们也有很明确的价值观和人生观，因为他们知道"这样做才是理想的方式"。

然而，现实给予沮丧之人最沉重的一击是：现实往往不是按照哪一个人的期望去发展的。当事情完全悖逆他们期望的时候，他们会因为"生活欺骗了我"而感到万分失落。当他们明知"应该这样做"，但却完全不能够"这样做"的时候，他们又会产生很深重的愧疚感，这种愧疚使得他们完全被剥夺了享受快乐和适当受宽恕的权利。他们因此而自怨自艾甚至自我憎恶，沮丧的情绪就这样牢牢地抓住了他们。

在他们的认知里，最大的一个错误就是，他们完全混淆了"行为"和"行为的主体"之间的关系，他们会认为"我"即是"行为"，"行为"即是"我"。"我"做出了这样糟糕而不可原谅的"行为"，那"我"便是糟糕而不可宽恕的人。过去所受的挫折和所做的事，使他们完全不能接受生活中的美好事物。

然而，这并不是你真实的生活和自我，而是被你强加上了一层"沮丧"的滤镜。如果你想摆脱痛苦、愧疚、沮丧的情绪，完全可以试着用下面的方式与内在的自我对话：

"我不应该把过去的失败当作套在自己脖子上的枷锁。只要我愿意，我总会在某一方面取得成就的。事实上，我成功的时候比失败的时候要多得多。我失败了，我也为我的失败而难过，但这是可以得到宽恕的。"

"其实我很满意自己为生活付出了一点什么，我完全可以无视谣言的存在。只要我自己快乐，就没有什么可以令我不快乐的。我愿意尽我所能做出一点贡献，给予是美好的。"

"我已经认识到自己不如别人的地方。我应该面对自己的缺陷和不足，我可以在我有优势的地方做得更好。当我承认自己不如别人的时候，我拥有自由地做自己的权利，我完全不用去和别人比较，我做的很多事情都是有价值的。我为什么要贬低别人来抬高自己呢？为什么要和他们同流合污呢？"

"在生活中，我不可能拥有所有人的珍爱和赞美，必要的时候，我可以有略微伤害的意愿。如果我给予他人不喜欢我、不接受的权利，如果我不介意别人偶尔用不友好的方式对待我，我就不会再害怕受到伤害，因为我不再需要所有人的认可，我不再拿伤害他人又伤害自己的方式去处理别人对我的伤害。如果我不怕受到伤害，别人又怎么能伤害到我呢？"

"说谎是可耻的，如果我是因为怕受到伤害而说种种谎言，那么我和那些以谎言伤害、欺骗别人的人又有什么区别？如果我以诚待人，相信别人也会以诚待我的。如果我因为过于在乎自我的价值而做出不诚实的行为，我还有什么价值可言呢？"

"小时候我很憎恶父亲的呵斥和棍棒，但现在我为什么要把这样的恶性循环继续下去呢？我不应该把自己的不愉快转嫁给孩子。"

"如果这种消极性的行为能使我感到满足，那我是不是只拥有消极的生活？如果我害怕见到我该见到的人，那我可以试着让自己接受他们，总是迟到也不是办法；不加节制的暴饮暴食，平心而论，丝毫不能减轻我沮丧的感觉，只会让我更空虚，同时损害我的健康。我应该选择一种更积极的生活方式。"

试试看，用这样积极、快乐的言论告诉自己，并试着向这样的方向去努力，不要让自己长久地囿于沮丧之中，不要总是让过去的事情及过去的感觉拖着你一步步走向绝望的边缘。

要知道，你所受的痛苦是你以自己的方式解释过去的事，从

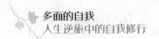

而作用于你心灵的。控制你的行为，使你沮丧的不是已经发生过的事，而是你自己，是你对过去种种挫折的看法。

面对生命中很多无法挽回的事情，不必把指责之箭对准自己，要学会原谅自己、原谅他人。就像我喜欢的一段话所说的那样："悲伤有两种，当一个人不断回想所遭遇的不幸时，当他畏缩在角落里对援助感到失望时，那是一种不好的悲伤；另外一种是真诚的悲伤，出现在一个人的房子被付诸一炬，他感到内心深处的需要，是开始重新建房子的时候。"

失败的经验会成为一个人重新获得成功的筹码，但失败的自责只会让人一事无成。

沉浸在沮丧中的日子可以结束了，试着重新明确自己的生活态度、发掘自己的价值。生活给予你的不只是挫折，还有快乐。别让沮丧抓住你，即使你不幸落入井中，还有满天星光做伴。

03 被逼迫的自我

存在的终极意义是缺憾

【心理测试】你是不是一个完美主义者?

想知道自己是不是完美主义者?

想知道怎样才能突破这样的心理困境吗?

那就请从完成下面的测试题开始吧!

[指导语:这项测试由美国纽约皇后村山边心理指导中心的专家休伯特·霍夫曼设计。做这项测验的时候,请从(A)极少(B)有时候 (C)常常,这三项之中选择作答,然后从测验后面所附计分表中查看分析。]

(1)给朋友写信的时候,你会不止一次地重新写,直到完全满意为止吗?

(A) (B) (C)

(2)在外面吃饭的时候,你是否觉得必须把餐具擦干净呢?

(A) (B) (C)

(3)假如你在外面奔波到很晚,回来时已经累得筋疲力尽,在你休息前,你是否依然会坚持把衣物摆好呢?

(A) (B) (C)

（4）如果你买到一本食谱或装配手册，或是新购家电的使用手册，你是否会一个字一个字地逐条遵循指示呢？

（A）　　　（B）　　　（C）

（5）当你在加油站加油时，是否会把车胎也检查一下呢？

（A）　　　（B）　　　（C）

（6）当你离家外出的时候，是否会重复查看是不是锁好了门？

（A）　　　（B）　　　（C）

（7）你会常常核对你的手表，证实时间无误吗？

（A）　　　（B）　　　（C）

（8）你会认为你的孩子在学校里犯的过失与自己多少有些关系吗？

（A）　　　（B）　　　（C）

（9）如果你做了一个梦，你会不会担心此梦成真？

（A）　　　（B）　　　（C）

计分法：

A：1分

B：2分

C：3分

评价标准如下：

9～14分：你不能算是个完美主义者，事实上，你的人生观比较轻松、乐观、令人羡慕。你对自己及他人的缺点，都能采取一种正确、积极的态度，能体谅自己，宽容他人，不会过于苛求。

15～21分：你属于正常人群范围。一般情况下，你对待工作及责任范围内的事喜欢全力以赴，但是在没有达到预期目标的时候也不会苛责自己。

22～27分：你是个彻头彻尾的完美主义者，你在追求不合理的目标时，可能会导致一些个人问题，你必须学着容许自己做一个不可避免会犯些错误的人。告诉自己不要再三地翻旧账，而应该把过去所犯的错误当作宝贵的可供学习借鉴的经验。当别人不能成为你所期望的样子时，不要失望，要用欣赏的眼光来调和你的批评。

1. 人无完人，事无全美

"天空越蔚蓝，越怕抬头看。电影越圆满，就越觉得伤感。"

就像这首歌里所描述的那样，每个人都曾有过这样的感觉：如果一件东西太过完美，人们往往就会觉得它是那么的不真实，那么不可信，让人不由自主地、情不自禁地、下意识地想去否定它、怀疑它、嘲讽它。

我们会在心里告诉自己——"这样的结局太过圆满，一定是编的"或是"这件事情进展得太顺利了，其中一定有问题"，抑或是"我们的谈话太顺利了，究竟是谁在左右逢源，不说实话呢？"

在完美面前，每个人都变成了一个怀疑论者，拿着放大镜试图寻找到光滑平面上的一点瑕疵。人们为什么会出现这样的反应呢？追根探源，是因为在我们的意识里都存在这样的观念：世界上不存在完美的事物，完美只是我们对这个世界的一种幻想。

尽管如此，世界上还是有这样一部分人，花费所有的力气欲将完美进行到底。他们会给自己定很高的期望目标，由于致力于追求完美而始终对自己所做的事、所处的境况感到不满意，因此不断地要求自己不遗余力地做到更好。在他们之中，还有一些极端的完美主义者，因为害怕在生活中出错，破坏身边完美的平衡，将自己活成了"装在套子里的人"。

"一想到要在平凡的世界里做个平凡的人，我就会觉得痛苦和烦躁。做个普通人的想法常常使我处于一种神经过度紧张的状态。"

当青找到我的时候，不断地向我重复这句话。他是个典型的完美主义者，然而，他脑子中关于完美的观念，却总是和真实的现实世界无法并存。每当他环顾四周时，总会发现有太多的事情没法令人满意或亟待改进：房间里大多数家具都过于老旧需要更换了，斑驳的墙壁也急需粉刷了，阳台里的盆花需要好好打理一下了，头发长了该去修剪了，春天到了而冬季的衣物还没有清洗和整理，脚下的地板脏了应该擦洗一下……

头脑中这些不断涌现的想法让青不堪重负，不管他怎么努力，生活总是给他提出更高的要求，似乎永远都没有尽头，他困惑地问道："很多人说我活得这么累，是因为追求完美，但追求完美难道有错吗？"

《论语》有云，"过犹不及"。追求完美本身没有问题，有时候，完美只是过度勉强的比较好的说法而已，而过度勉强并不一定就是不好的事。

当你需要努力工作和高度谨慎的时候，当你必须配合某一目标或规定期限时，勤劳、高效率、有组织、有条理的人，会知道专注地把某一项工作做好是很重要的，这时候某种程度的"过度勉强"对你是有一定帮助的。

事实上，在人的一生中，偶尔的过度勉强并不一定是有精神病倾向的。例如，在做学生的时候，医科学生、工科学生以及其他研究所的学生，如果不努力地学习到超过一般作息制度标准之上，是不可能完全达到学业要求的标准或做得更好的，他们通常要加倍付出努力。另外，如果你被迫要求在一个不宽松的期限内完成一项工作，或当你在从事一项需要付出很大精力的研究、设计的时候，你会发现，自己每天都必须比平常多工作几个小时，这并不能算作"过度勉强"，也不能称之为"工作狂"。

但过度追求完美，就会产生一系列的问题。当一个人表现得总是太过认真、太过谨慎、太过负责时，就会被完美主义所驱动，即使在成就里也找不到满足。这个时候，过度追求完美就是一种无法认同自己的表现。因为总是达不到心中的目标，会让完美主义者永远有一种不安的畏惧感，使他们极为害怕面对批评与不满，失败和错误对他们而言更是无法忍受的，就像前面案例中的青，因为完美在现实世界中根本就是不存在的，所以他越是努力地追求完美，失望得越厉害，而问题也就因此产

生了。

和青相比，周平的困境则是脱离了生活的障碍，表现为另一种对完美的追求。

周平是一家连锁超市的老板，每天工作10～12个小时，什么事都亲力亲为，经常工作到深夜。周平的财富日益增长，似乎不再缺什么了，但因为他忙于工作忽略了家庭，儿女对他都十分疏远。然而，每当妻子要求他多休息一下，或是他的儿女要爸爸陪他们学习玩耍的时候，周平都会很生气、很烦躁。他认为自己是在为全家人过上更好的生活而努力，为什么妻子和儿女就不能理解他，全力支持他呢？

在周平看来，自己是个很有责任心、肯付出、不自私的人。但事实上，他是被自己强烈的自卑感所蒙蔽了，以往的拮据生活给他留下了严重的心理阴影。所以，他有一种强烈的需要来补偿他的自卑感。他之所以这样拼命，并不是像他所说的那样，是为了给家人提供更好的生活，而是为了达到自己的期望，获得更加完美、成功的生活。

周平的问题在于，他混淆了一个概念，即对成功的追求并不能满足自己对快乐的欲望。周平认为，完美就是成功和快乐。可现实是，总有一个不完美的世界妨碍着他追求完美，所以他总也无法快乐起来，即使他已经付出了自己的全部。

心理学研究表明，一个人的早期经历对他以后的心理发展起着至关重要的，有时甚至是决定性的作用。

从完美主义的形成机制来看，很多人之所以会成为一个完美主义者，原因有很多，譬如，遗传因素、自身极端的认知模式、社会上同伴的压力，原生家庭的教育方式等。然而，真正的根源还在于后天，尤其是从小生长在家长控制欲很强的家庭中的孩子，更容易出现完美主义倾向。

一般来说，这种类型的家长往往会拥有强烈的自恋心理，将孩子看作是他们自我的延伸或满足他们某种需求的人，而不是当作一个拥有独立人格的个体来看待。在孩子看来，他们是非常严厉的家长，他们会要求孩子什么时候、该做什么事情、达到什么标准，如果没有达到他们的要求，就会受到惩罚。久而久之，就会让孩子与家长站在对立面，衍生出焦虑、不自信，感觉自己受到伤害，出现孤立、悲伤、愤怒等心理现象和相应的行为。为了适应自己的这些情绪，得到家长的认可，部分孩子就会在心里建立起一种防御机制，而这种机制，就是"完美主义"。

我的一个老同学就是这样的。大学时期，他是个很优秀的学生，他学习用功，擅长演讲，总能抓住听众的心理。然而，他对自己却非常挑剔，常常在演讲后再三地询问朋友对他的演讲感觉如何，是不是有什么建议，他是不是表述清楚了，条理是否清晰……如果有朋友指出他的某一个小小缺陷，他就会很沮

丧，怀疑自己的演讲是不是没有任何优点。

一次和他谈话的时候，他向我倾诉了他的苦恼。原来，他是家里的长子，父母从小就对他期望很高。如果他带回家的成绩报告单上每一门功课都是100分，只有语文是98分，那他的父母一定会先注意到这个98分，然后说："考得不错，只是为什么语文会得98分呢？"从小到大，他不知道如何才能成为父母眼中令人满意的、真正的好孩子，似乎从来就没有达到过父母的期望。

在父母的影响下，他多年以来一直以一种完美主义的态度努力工作，发奋钻研，但始终距离父母的认可有一步之遥。他一直有这样一个信念：只有完美的人才值得被爱。这种在小时候受影响而形成的心理状态，让他对工作、对自我、对他人都习惯性地设立了一个过高的目标，但完美的不存在性与不可追求性又使得他始终无法快乐。

人有旦夕祸福，月有阴晴圆缺。在我们这个充满缺憾的世界，并不存在绝对的完美，只有相对的、流动的完美，它可以无限接近，却无法真正拥有。你可以在追求的过程中不断发展、完善自己，却不能以此为标准来折磨自己或苛求别人，否则完美本身就会变成不完美的代名词。

2. 完美主义者的特定思维：只有怎样，才能怎样

问你一个问题："如果现在让你去旅行，你会怎么做？"

可能有的人会开开心心地说："我会稍做准备，然后就这样跳上车子，开到某一个地方，享受轻松、新鲜、刺激的旅行，远远离开那些烦人的工作和烦恼。"

还有的人则比较谨慎："我要计划一下，把每一步和每一个问题都想好，想好要去的目的地，收集一些目的地的详细资料，计算一下花销，联系好住的地方，实在不行，要么就找一个旅行社吧……"

很显然，相较于这两者的思维模式，后者就是典型的完美主义者的行事风格。

因为不想让任何意外破坏自己的计划，很多完美主义者都是中庸主义的坚决拥护者，即使只是一次简单的旅行，他们也会在出发前设想好这次旅程的所有细节，使得旅行这一"事件"能完全按照他们心目中"对"的标准去进行，中间路线永远不会出差错，力求完美无缺，否则内心就会产生很大的挫败感。

在这种中庸之道的指导下，他们会很努力地做每一件事，尽

可能地符合每个人的期望。他们也很谨慎，尽量不去冒犯任何一个人，尽量不去引起任何人的注意。不管是做人还是做事，他们永远不会做出极端的事或过度地表现自我，永远会采取中间路线，只因为其中的不确定性、冲突性是最小的。

由于无法忍受自己的失败、不完美，他们不会在事业或其他任何事情上做出冒险的举动，因为冒险常常意味着将有一半概率的成功与失败，而那部分的"失败"恰是这种完美主义者所不能忍受的。为了事事完美，他们宁可选择阻力最小、收益相对也较小的途径。

然而，世无两全。这一类型的完美主义者在致力于使每一件事都尽善尽美的同时，也常会使自己陷入另外一种困境。

在前来咨询的人中，常会有人向我倾诉，说自己是一个性格内向，极易羞涩的人，偶尔和人说句话都会面红耳赤、很不自在，更不要说参加一些公众活动了。他们觉得自己身上的这种特质十分不好，但又改不过来，因此倍觉苦恼。在他们眼中，自己的问题是"无法像别人一样交际"，但在咨询师的眼中，他们的问题却是，"你为什么会认为'无法像别人一样交际'是一个问题呢"？

在这个世界上，每个人都有自己的个性，有的人性格从容、大方，有的人性格内向、拘谨，每种性格都各有利弊，何必一定要舍弃自己的个性而变成他人呢？

这些人之所以会受到这些问题的困扰，是因为他们在不知不觉中成了一个苛求自己的完美主义者，在日常生活中形成了一种"只有怎样，才能怎样"的特定思维模式，而这种思维模式，也是典型的幼儿式的二分法思维模式。

对于一个完美主义者来说，他们判断事物的标准是"十全十美"，他们最根本、最简单的诉求是趋近好的，远离坏的。但这样的标准表述是十分空泛、没有意义的，必须界定其背后具体的价值判断。

对于幼儿来说，他们的特征是典型"非好即坏"的二分法思维，但成人的世界相对于幼儿来说要复杂辩证得多，如果我们依然用这种幼年的思维方式来面对现实世界，必然会显得有些极端和不知变通。尤其是当他们发现自己无法达到想要的完美状态，或者无论怎样做都无法达到完美的时候，往往会滑入另一个认知的极端，即全盘否认一切，甚至因此陷入抑郁的状态。

在生活中，他们常觉得自己身上有一些"不好"的地方，于是每时每刻所注意的、所思考的，不断为之付出努力的，全部都是针对这些问题的。于是，这些问题就逐渐构成了他们生活的中心，这是一种"问题中心"的心灵困境。

他们认为，只有完美的自己，才是可以被喜爱和接受的，而那个"不完美""不够好"的自己，则应该被彻底剔除，才能让自己的世界变得安全和谐。

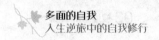

为了达到这一目标，他们强迫自己事事完美，不允许犯错，更不允许真实的自我显露出一点端倪。因为真实就代表着缺憾，而缺憾就意味着不再完美。久而久之，真实自我的生存空间被逼得越来越狭小，离想象中的自己越来越远，人又怎么能快乐得起来呢？

瑞尔森大学心理学教授，临床心理学家马丁·安东尼曾这样说："一点点完美主义是一件好事，它使我们想要实现目标，仔细检查我们的工作，有时甚至激发我们变得更有效率和更有条理。"

但由于完美主义者这种特定的思维模式，就注定他们不会在完美的道路上轻易止步，告诉自己"尽力就好"，而是逼迫自己直到筋疲力尽。如果一个人对自己的要求极高，就几乎不会有建设性的进步和收获，因为能让人持续进步的是自我激励，而非过度苛责。因而，这一类人也极易在前进的道路上因看不到希望而半途而废，这正是他们不成熟的思维模式所带来的弊端。

要想摆脱这种状况，只有从自己的思维模式开始改变，从"以问题为中心"转变为"以目的为中心"，即把生活的目的作为中心，坦然面对现实，做自己该做的事。

只有这样，我们才能避免将"问题"与"自我"混为一谈，才能更清楚地看清自己内心的真实样貌。

3. 完美主义者是如何被缺憾"逼疯"的

在完美主义者的世界里，最大的敌人是缺陷。因为无法忍受一点点的"不完美"，他们便会不遗余力地拿着放大镜，去寻找那些可能会破坏完美堤坝的"蚁穴"，然而，长时间的寻找、修补、再寻找，让他们忘了摘下自己眼前的放大镜。于是，在他们的眼中，只剩下了一个充满"蚁穴"的糟糕世界。

这个过程究竟是怎么发生的呢？

下面，我们就从心理学角度来分析，一个完美主义者比较常见的几种行为模式。

行为模式一：

完美主义者对自己、对他人、对周围的世界总是有超过常人的需求。他们用种种不可企及的标准来要求自己，苛待别人。

他们在处理事情的时候，因为总是设定过高的标准，所以经常陷入拖延、重复、否定的恶性循环之中，相对于其他人，他们总是在细节上花费大量的时间，以求达到想要的完美，但实际却往往变成：因为在细节上投入大量的时间，而忽视了整个项目的完成，或是由于一直处于高度紧张的应激状态，导致难

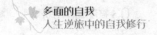

以持续性工作。

完美主义者无法忍受自己身上的一些不完美特质，当他们看到这些特质出现在别人身上时，也会出于"投射"效应，把对自我的不接纳投射到别人身上，让他们对别人的错误感到愤怒和厌恶，甚至吹毛求疵。

究其原因，哈佛幸福课讲师泰勒·本－沙哈尔教授曾说过："完美主义其实是一种对失败的失能性恐惧。"在他看来，"所谓'失能'是因为害怕失败而徘徊不前的畏惧，尤其是在他在意的事情上，会保持某种执着的态度。"因此，他们非常害怕别人将自己看作失败者，渴望以最快的速度获得成功，否则就会陷入极大的焦虑之中。

行为模式二：

完美主义者往往是工作十分勤勉，学习十分认真，生活态度很严谨的人。然而，他们压制自己身上所有人类所共有的享乐天性，辛苦地活着，把所有的情感都隐藏起来，实际上只是试图以此来减少自己的怀疑和恐惧。

有些心理研究学者从行为及行为结果是否正常的价值判断角度，将完美主义者分为正常的与神经性的，也可以叫作适应性与非适应性两种类型。其中，"正常的"完美主义，也就是适应性完美主义者，会设置高成就标准，努力追求成功，也可以容忍在达成标准中的失败，不会对其自尊造成无法恢复的损伤；

并能依据环境及个人限制来设立合理且实际的目标。而非适应性完美主义者，则往往是在追求避免犯错，而不是追求完美。他们时常强烈害怕失败，也无法从成就中获得满足，一旦无法得到他人的赞美和接纳，就会产生强烈的自我挫败感。

心理学家布伦·布朗曾对非适应性完美主义这样进行解释："它其实并不是对于完美的合理追求，它更多的像是一种思维方式：如果我有个完美的外表，工作不出任何差池，生活完美无瑕，那么我就能够避免所有的羞愧感、指责和来自他人的指指点点。"

由于对可能出现的过错和失败的恐惧，他们将自己牢牢控制在一个安全的范围之内，不让自己有任何"越轨"行为，毕竟不做就不会错。

行为模式三：

完美主义者是典型的自我怀疑者，他们常常会以非常挑剔的态度来对待自己，总是觉得自己不如想象中优秀，他们拼命地工作，想方设法赚钱，竭尽所能谋求权力、地位，无非是要向自己证明自己，证明自己不是心中时刻怀疑的无能的人。

对于这种类型的完美主义者，虽然他们经常标榜自己的努力、成就和付出，可实际上在某种程度上，他们是一群非常自私的人。因为他们所持有的完美主义论点，只是一种满足自我强烈需求的手段——他们会以狂热的工作态度过完大半辈子，漠

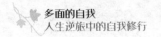

视家庭、妻子、儿女对关爱的需要，总是无意识地想去弥补一种满足感的缺失，而这种满足感的缺失正是源于他们在某一方面对认可（无论自我认可，还是他人认可）的高需要性。

事实上，完美主义者给自己定下过高的理想目标，这就使得他们永远不可能达到一种平衡的状态。也就是说，他们所需要的满足感永远小于他们所获得的认可。

与此同时，他们时刻紧绷的神经也会严重损害他们的人际交往。因为此种类型的完美主义者在大多数情况下，是极度热衷于从自我立场上看待问题的人，所以，他们不但给自己定下了极高的目标（或者是潜意识里存在的），同时也拿一种很严格的标准去要求他人。这就导致他们很容易和周围的环境、周围常接触的人群产生难以调和的矛盾。

这样的矛盾往往与利益不相关，却与完美主义者苛求的性格密切相关。除非这类完美主义者愿意调整他们的心态，用比较宽松的"政策"去待人待己，否则他们必然会像飞蛾扑火般，把自己对完美的追求焚烧在这个不存在完美的世界里。

行为模式四：

完美主义者在某个方面追求完美的行为，可能会表现为"洁癖"。具体表现为：他们会每时每刻神经质地怀疑自己，乃至认为自己所接触的周围物品不清洁，于是反反复复，频繁地清洗那些物品，用水及洗涤用品频繁地洗手等。

其中有相当一部人是那些经常接触病菌的医生。他们的这种洁癖可能是源于心底的恐惧，这种恐惧是由于他们目睹了病人的病况，以及害怕自己会染上病菌而得病导致的。

还有一些有洁癖的人是由一个和前者表现相同而实质不同的原因所导致的，他们可能有一些特殊的经历，由于受到一些病态的刺激，使得他们内心有一种隐藏极深的疑惧："我是不是得了什么病？"虽然这种疑惧被他们下意识地矢口否认或以理智的认知态度所掩盖。然而，这种疑惧是藏不住的，只要产生这种心理趋向，就一定会在某个方面表现出来，因此，这种完美主义者会极其严苛地追求所谓心目中的一尘不染，以安慰自己的疑惧——对得病、对健康、对生命安全的疑惧。

我有一个同事，因为一次偶然的机会，她在显微镜下观察了一滴自来水厂送出的生水样本。显微镜下那些数不胜数的、微微蠕动的生命体把她吓呆了。由于缺乏起码的科学知识，她从此拒绝喝自来水管中提供的水。然而，在喝了几星期纯净的蒸馏水之后，她开始满口满舌生疮，整个人苦不堪言。

殊不知，感冒病菌是细菌，但细菌不是对人体都有害。自来水中的微生物除了极少数在可允许范围内存在病菌之外，大部分是对人体体内环境保持一种"小生态平衡"有益的细菌，自来水在烧开之后完全可以放心饮用。但这个同事却在她扭曲的认知下开始了追求完美的行为——喝纯净的蒸馏水。然而，她的

身体却不肯追随她的思想，完美同样不复存在。

为了达到心中的理想，人们以各种各样的方式前仆后继，力求达到一种完美的状态，但在这个有缺陷的世界中，这样的寻找注定是一场徒劳，疲惫的人们最终会发现，这种追求并不会带来更多的快乐和满足，而是挫折与失望，可自己已经在这场与"缺憾"赛跑的竞赛中濒临崩溃。

4. 认知调整：如何与不完美的自己相处

人是功利心很强的动物，所有不可思议的行为背后都可以找到相应的逻辑链条。对于完美主义者来说也是如此，他们之所以坚持将完美进行到底，正是因为在他们不断地付出，不断追求完美的背后，期待着一份相应的回报。

那么，我们现在就来看一看，完美主义者们都希望"完美"会给他开出一张什么样的支票吧！

100元——我全心全意地做好一项工作时，我会觉得满足而喜悦。

80元——我将是一个十全十美的人。

120元——当我更有成就时，别人会更加尊敬我。

50元——我会获得我需要的东西，金钱、事业、权力……

从表面上来看，你从"完美"的手中一共得到了350元，但这真是你的收获吗？从经济学的角度来看，收益的意义应该是收入减去成本。那么，我们就再来看一下，你因为苛求完美而付出了多少成本吧，同样用虚拟的价格符号来代表。

150元——我追名逐利、争强好胜，我忽视了亲人朋友，我

变得没有爱心，没有温情。即使做好了一项工作，我也不会觉得满意。我不喜欢别人的所作所为不符合我的完美标准，我常常不快乐。

80元——我在不断的追求中，疲惫不堪。尽管如此，我依然不满足。

100元——我很害怕出现失误，一旦如此我所有的努力就都白费了，别人的信任和赞美都是不可靠的。虽然我喜欢别人的赞美和褒奖，但我真的有这么好吗？

50元——我为什么总是达不到完美的地步呢？

按上面所描述的，你所失去的总共是380元。根据经济学的观点，那么你最后所得到的是亏损30元。完美，并不是报酬性的证明。如果你是一个完美主义者，而你已经认识到了目前的困境，你不妨回头看看自己的目标，它们实际吗？重新看看你所做过的每一件事，它们是不是都不再有任何可以改变的余地？

虽然让完美主义者放弃自己的标准并不容易，但这并不意味着过度的完美主义是无法修正的，我们可以通过对后天行为和认知的矫正，帮助人们从不完美的阴影中解脱出来，在日常生活中，可以先尝试着从以下几个方面做出调整：

首先，积极地接纳自己。凡事都有两面性，虽然极端完美主义给我们的生活带来了这样或那样的麻烦，但它并不是一无是处的，完美主义的一些特质是人类闪光点的集中代表。只是我们需要发挥其优势的一面，而将其负面影响降到最低。

其次，低标高中，改变自己的完美标准。

对于很多完美主义者来说，这一条建议最简单，同时也最难实施。在他们看来，努力去追求完美、做到最好是理所当然的事情，如果随意降低标准，虽然肉体上会暂时放松，但却意味着以后的人生会越来越糟，这是他们绝对不允许发生在自己身上的事情。

然而，改变标准并不等于抛弃标准，而是将目标限定在一个合理的范畴之内。譬如，当你因完美主义迟迟无法投入工作时，先不要在意自己的成果是否会出现瑕疵，完美不是一个结果而是一个过程，你会在不断精进的路上，一步步接近完美；当你太纠结于细节而无法估计整体进度时，可以先把问题记录下来，等赶上进度之后再回过头来解决，有些纠结的点也许就会消弭于无形；当你因为追求完美而拖延，导致无法完成任务时，记得"完成比完美更重要"，重新设置可执行的目标，坚持把事情进行到底。

最后，从认知方面入手，用积极的思想取代消极的思想。

吉姆是某大学的学生，原本成绩优异，但在一次比赛失利后，他开始逃课，面对老师的提醒和批评，他表现得满不在乎，到期末考试时有四门功课没有过。

其实，吉姆并不是真的像他所表现出来的那样自暴自弃，事实上，他是太在乎了，他总是担心自己又做不好，所以干脆全盘放弃了。

由于从小被他父亲的"完美主义"所影响，吉姆从小就制定了一套要求自己的标准。那就是一定要做好，可是他又常常被害怕自己做不好的畏惧所困扰，这使得他学会了用一种消极的态度去对抗这潜在的完美主义。因此，他放弃了自己对学业的努力，在课余选择一群和他同样消极的人做朋友。消极是他们彼此认同的基础，这种消极来自他们给自己确定的错误的目标。消极的思想又使得吉姆索性放弃努力——不去做，因为他的理智告诉他，即使他再如何努力也比不上他的父亲，那为何还要努力呢？

如果用一些积极的思想对抗吉姆的这些消极的思想，那么，会产生什么样的结果呢？

A.吉姆认为自己不会写课业报告。

事实上，吉姆并不是不会写，他只是没有去做一些收集资料和寻找课题的初期工作。

B.每个人都知道吉姆学习成绩很差。

生活中，每个人偶尔都会做一些傻事，但这并不表示吉姆没有任何可取之处。他完全可以通过努力来取得同学、老师的另眼相待。

C.吉姆怕他的父母看到他的劣迹而讨厌他。

可事实上，吉姆的父母已经知道吉姆的糟糕成绩了，吉姆最在乎这一点，因此他讨厌自己不争气。

D.吉姆害怕失败之后，会被人看不起，所以就干脆选择什么也不做。

其实吉姆没必要拿别人所谓的完美标准来和自己做比较。他可以做他喜欢做的事，完全没必要用当年他父辈的优秀成绩来影响自己。别人指责他的不完美那是别人的问题。他应该把注意力放在努力做任何一件事情上，而不是只在意结果。因为信仰父亲的完美主义使吉姆过得太累、太痛苦了。完美主义使他陷入了困境。

其实，吉姆完全可以改变自己的现状，克服自己的畏惧心理。他陷入困境的本质，是由于他陷入一种"潜意识仰慕完美，而下意识以完美主义为尺度"的心灵困境，而不是由于他的学习能力不足。

虽然这个修正认知的过程并不是一蹴而就的，但只要持之以恒，你就会慢慢发现自己身上的变化。即使完美主义仍然是你生活的一部分，但它的控制范围却在逐渐缩小，生活的主动权也会重新移交到你的手上。假如你尝试了一段时间后失败了，也没有关系，你尝试的本身就是进步，而进步的过程就是螺旋上升的，我们应该接受这样的现实，并享受其中之乐。

　　人们生存的这个世界，是充满缺陷的世界，而人们也是或多或少有些缺陷的世间中人。事实上，大家应该感谢这个有缺陷的世界，如果没有苦的反衬，甜会如此甘美吗？如果没有失败和差错的反衬，成功的存在还有什么意义呢？

　　人们可以让积极的态度左右自己对生活中每一件事的看法，可以除去给自己的思维系统所施加的压力。这样，在获取成功的过程中将不会再有种种的重压和折磨。

　　感谢这个有缺陷的世界吧，这个世界中所存在的缺陷只是给人们这样的启示：充分利用自己的优点去享受成功的快乐。不要好高骛远，但也不要灰心丧气，树立一个适合自己的目标并为之而努力，快乐就会属于你。

　　珍惜这个有缺陷的世界吧，做平凡世界中有不平凡经历的平凡人，苛求完美而感受不到这个有缺陷世界的平凡美的人，和总是在做与不做之间痛苦挣扎的人同样可悲。

04 被囚禁的自我

强烈的爱恨是金色的囚笼

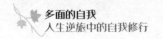
【心理测试】你是否在做你心灵的囚徒？

你是否在做你心灵的囚徒？

你是否亲手为自己设置了一个"心囚"？

在下面这15项叙述里，有和你相仿的情形吗？如果有，请打钩做标记。

（指导语：建议你仔细看下面的描述，并全面地考虑、省察自己。如果只有一部分情况符合下面的某一项叙述，也请你同样打钩做记号）。

（1）（　　　）你经常把自己的错误归咎于他人，以求原谅自己及取得心理上的平衡。

（2）（　　　）你变得越来越爱指责、批评及冷嘲热讽，凡事总是先看它的缺失。

（3）（　　　）你常常在自己对事业和个人的求进取的思想上束手无策。

（4）（　　　）你明明知道"明日复明日，明日何其多"，凡事应在考虑好之后立即采取行动，但你却总是拖延，甚至最终根本没有采取任何行动。

（5）（　　　）你总是为自己没有完成手头工作找各种各样的借口，因为你觉得那是别人的责任。他们给你设置了重重阻力，或是你潜意识里不想让别人居功或是平白无故地受益。

（6）（　　　）无论是你的办公室还是卧室都杂乱无章。

（7）（　　　）你常常觉得孤立，觉得世界上没有几个人赞同、理解你的想法。

（8）（　　　）你觉得亲戚、朋友之间越来越疏远，却不愿考虑其中的原因。

（9）（　　　）当别人有机会度假、旅游、疗养时，你会因为这机会不属于自己而表现的很生气。

（10）（　　　）当别人谈恋爱或和爱人之间亲密无间，关心备至时，你会因心生嫉妒而不满。

（11）（　　　）你常常觉得，能真正认识你的人就会因不喜欢你而离你远去。

（12）（　　　）你看见别人工作有成绩，获得升迁，或取得奖励时，你会愤慨或不平。

（13）（　　　）你常常觉得身体不舒服或是怀疑被某种疾病所困扰，工作、生活时常会有力不从心的感觉。

（14）（　　　）你觉得所接触的人都功利心太强、明争暗斗或总是怀着某种目的去做事，太不可信任，你常常怀疑他们的

诚意。

（15）（　　　）你常常觉得自己无法摆脱某种想法或某件事情的干扰，心情抑郁。

结果分析：

如果在上述15项叙述中，你有7项以上都打了勾，显示你生活中的某些情形及你的某些情绪与叙述相仿，那么，这表明你将是或者已经是一个"囚徒"了，被烦恼和痛苦所困扰，在远离快乐和希望的每个日子里，你已经为自己设置了一个不自知的"心囚"。

1. 为什么我们很难宽恕除了自己以外的一切

有些人在遭受了一次不幸的打击之后，常会这样责怨："为什么不顺的事都发生在我身上？"他们潜意识中有一种不安和恐惧，这样不幸的事都会发生在他们身上，日后灾难肯定会接踵而至。于是乎，他们把挫折与不幸当作他们的生活方式来接纳并与之朝夕相处，他们自认为是不幸的人，这就是我所要说的"心灵囚徒"。

成为"心灵囚徒"的人们，经常会出现下列想法：

（1）认为糟糕的事情一旦发生过第一次，必将会有第二次、第三次。

（2）他们认为生活待他们不公。

（3）他们自甘在痛苦中生活，甚至会以一种假想的方式来加深自己的痛苦，希望不幸的事降临到自己的身上。

（4）他们觉得幸福是靠别人给的，是靠执着的等待获得的。

（5）他们自我感觉受大家的排斥而常处于一种孤立的状态，常常感到寂寞与孤独。

（6）他们不愿对自己的生活负责，从不主动去追求、去爱。

看到上面这些描述，有没有一种很熟悉的感觉？这个"心灵囚徒"可能是你的家人、你的朋友，也可能正是你自己，在众人眼中，他们是充满"负能量"的人，平日里自怨自艾，患得患失，遇事不付出努力却只会抱怨，遇事不反省自己，只会推卸责任，仿佛整个世界都对不起他，走到哪里都不受欢迎，而这种反馈又加深了他们对世界的憎恨与恐惧。他们身在牢笼之中，期待着有人可以前来解救自己，却忘记了最初将自己关起来的，正是他们自己。

小涛从小生长在一个单亲家庭里，母亲非常爱他，把全部的时间和精力都放在了他身上，但让小涛最受不了的是，每当他成绩不好或者家里出了什么状况时，妈妈总是会表现得非常愤怒，她经常挂在嘴边的唠叨，开头的一句话总是"要不是因为你……"

"要不是因为有了你，我怎么会跟那个混蛋结婚。"

"要不是因为你不听话，我根本不会这样生气。"

"要不是因为你成绩不好，我为什么这么拼命工作？"

……

每次听到母亲这样发泄自己对生活的不满，小涛都会在心里大声咆哮，他想对妈妈说，自己也是她失败婚姻的受害者，这些生活的不幸并不是他造成的，她应该多去反省一下自己，而不是把责任都推卸给自己的孩子。但出于对母亲的爱，这些话他都无法说出口。直到多年以后，当他有了自己的家庭和孩子，在一次跟妻子吵架时，他脱口而出："都是因为你！"这让他非常震惊，自己竟然延续了母亲的行为模式，也变成了自己最讨厌的人，而这也让他与家人之间产生了很大的隔阂。

不管是小涛还是他的母亲，在面对生活中大大小小的挫折时，总会在第一时间将责任转移到外界，似乎只有这样，所有的不如意才有了解释的通道。当他们说出这句"都是因为你"后，就在潜意识里成功地将自己定义成了一个受害者，从而拥有了一种站在制高点指责别人的身份，导致他们越来越怨天尤人，将自己关在"受害者"的牢笼中不肯出来。

虽然从表面上看，他们向外界传达的指责非常的强势。可事实上，这类困于"心囚"中的人本质上却是依赖性非常强的人。从心理学角度来说，受害者心态，指的是人们在面对挫折和失败时，倾向于把事情归因为客观环境或人力等不可控的偶然性因素，进而催生自怜心理的一种思维模式。处于这种心态中的人，常常习惯于将自己定位为关系中的"受害者"，将别人或外界投射为"加害者"，以此来逃避责任，放弃改变情境的努力，将自己与外界对立起来，陷入消极和被动之中。

虽然"受害者心态"，严格来说，并不算心理学中的专业词汇，却是我们在生活中经常见到的一种思维定式。

德国心理治疗师伯特·海灵格认为，人们之所以会在社交活动中扮演"受害者"的角色,是因为采取了一种高技巧的报复。他们用一种自我挫败的态度使自己成为关系中的受害者,希望在寻求同情的过程中获得爱与支持。这种行为其实是一种无意识的自我防御机制,通常源于内在自我的匮乏与人生掌控能力的丧失。如果长期处于这种心态之中,人会形成错误的自我认知,阻碍沟通,并影响问题的进一步解决。

由于总是靠着某一个人、某一种情感、某一种人际关系、某一种原因来补偿自己对安全感的缺失,他们总是希望能通过与他人的交往来填补空虚的心灵。因而他们愿意付出感情的目标,常常会迅速成为他们整个生活的重心和焦点。然而,生活和友谊、情感无法带来他们所需求的那些回报,因而跟随这种扭曲的对他人的依赖感而来的,是他们对其依赖对象的强烈的不满和失望。

给自己设下"心灵囚笼"的人往往不明白:个人应该处理好个人的问题,他们会被自己的情绪所左右,进而偏执地认为,所有的问题都是由其他人或环境所造成的。他们始终不愿承认,自己才应该为自己的行为及选择负不可推卸的责任。

罗曼·罗兰曾经说过这样一句话:一个人的性格决定他的际遇,如果你喜欢你的性格,那么你就无权拒绝你的际遇。对于一个陷于沮丧中的人来说,或许你可以把你的满腹沮丧归结为"因为……事"或是"因为……人",但最终你总会意识到,令人痛苦、沮丧，失去信心、热忱的正是你自己。

有这样一则幽默故事：

　　一个农夫同一个正准备出海的水手相遇了。农夫问道："你的父亲是在哪里去世的？"水手回答："在一次海难中。"农夫又问："那您祖父呢？"水手说："也死在海上。"农夫感慨道："既然如此，您怎么还要出海呢？"水手反问农夫："您父亲是在哪里去世的？"农夫答："在床上。"水手又问："那您祖父呢？"农夫说："同家里所有去世的人一样死在了床上。"水手说："既然如此，您怎么每天晚上还要睡在床上呢？"农夫无言以对。

　　生活的道理尽在于此了。

　　关于生活中的种种事件，美国的社会心理学家利昂·费斯汀格有一个很有名的行为理论，被人们称为"费斯汀格法则"，其内容是这样的，"生活中的10%的事情是由发生在你身上的事情组成的，而另外的90%则是由你对所发生的事情如何反应所决定的。"也就是说，生活中有10%的事情是我们无法掌控的，而另外的90%却是我们能掌控的。

　　一个人即使吃饭的时候被噎着，以后还是要吃饭的。人们大可不必因为某一次的挫折和失败而怀疑自己的能力，因为某些人的某种不认可而沮丧万分。因噎废食是一种愚蠢的行为。同

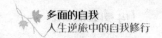

样地，在生活中遭到这样或那样的不幸，也不应该因此而全部抹煞这个世界中美好的部分。

要知道，期冀于别人给予幸福的人，往往过得不幸福。实际上，即使是最不如意的事情发生在你身上，也不是世界末日，你一样有能力、有权利追求祥和、快乐的生活，而不必等待别人来拯救，更不必从此丧失对生活的信心。

2. "情感地震"留给我们的废墟

虽然我们经常对生活有诸多的不满，但从另一个角度来看，"心灵的囚徒"却常常是很感性的人，关于生命和对心灵的感悟，他们总会比旁人多出许多来。

然而，正所谓过犹不及，他们极其敏感的神经会把最轻微的感触传输给他们柔弱的心灵，这使得他们过多地感受到了某些本可以化为虚无的情绪，就像遭遇了一场情绪地震一样，让他们的心无法回归平静，即使是短暂的快乐，也常常被这些"余震"波及，变得可望而不可即。

正如前文所说，那些将自己放逐于"心囚"的人，本质上依赖性都很强。他们对周围的环境抱有太大的希望，对周围的人抱有太多的期冀，所以，当他们不能够从这些希望和期冀中收获到预想的补偿时，就会变得无比失望和愤慨。每当这个时候，他们就会认为自己受到了极大的伤害，在他们的想象之中，自己脆弱而多感的心灵再也承受不了这样的创伤。于是，他们把自己的心牢牢地保护起来，就像钻进了蜗牛壳。

殊不知，当一个人关紧了门窗时，风沙被阻挡在了门外，也

永远感受不到春光明媚。"我们把世界看错了，反说世界欺骗了我们。"泰戈尔如是说。

泰安和晓泉是大学里的亲密恋人。毕业后，两个人都在学校所在的城市找到了工作。起初两个人的努力拼搏只为换来将来婚姻的保障，然而，事情的发展却走向了完全不同的方向，泰安因为所学专业冷门，在求职路上屡屡受挫，好不容易找到一份工作，薪资也差强人意，而晓泉则凭借自己的努力和一点运气，事业节节高升。

正因为如此，一直以来非常平等的关系突然失衡了，这对恋人开始爆发争吵。但年轻气盛的他们不知如何解决感情中的问题，也不知如何谅解对方给自己造成的伤害，最终两人选择了分手，一段美好的感情以泰安的离开走向结束。

转眼五年过去了，两个人在世界上两个不同的地方封闭了自己的心灵，并为往日的真爱而默哀。或许，如果没有彼此的宽恕与谅解，就没有爱的慰藉和共存。

虽然起初只是一个个很小的误会，但是泰安因为自己的大男子主义，把自己事业上的不顺，借题发挥迁怒于心爱的人，而且他也不肯谅解晓泉的成功和偶尔欠缺"迁就"的疏忽；而晓泉，则宽恕了自己的过于注重自我，忽略爱人感受的缺失，而无法体谅泰安为了婚姻急功近利的心态和不肯让爱人受委屈的一片苦心。

正是这一系列的"恕己"与"不恕人"，造就了两个人之间无法弥合的痛苦和遗憾。

相对于原谅别人，原谅自己确实要容易得多。这不是一种错觉，而是一种人类普遍存在的心理学现象，叫作"自利性偏差"，也叫作"自我服务偏见"，即人们在加工和自己有关的信息时，会出现一种归因偏见，常常从好的方面来看待自己，当取得一些成绩时，会把主要功劳归功于自己，而做了错事或者失败之后，却会怨天尤人，把它归因于外在因素，这种根植于我们基因中的"甩锅"现象，是人类最强有力的偏见之一。

在加拿大，曾有心理学家针对人们在婚姻生活中的自我服务偏见做过一项调查，其结果显示：有91%的妻子认为自己承担了大部分的食品采购工作，但只有76%的丈夫同意这一看法。因为这种偏见的存在，导致我们在与人交往的时候，大脑会下意识地夸大对自己的有利信息，而忽略对自己的不利部分，就像前面案例中的泰安和晓泉，两个人都认为自己在这段感情中的付出比对方多，自然不会原谅对方的一点点"忽视"与"背叛"。

所谓"爱之愈切，伤之愈深"，就是这个道理。人们不能总是从自己的需求出发，而不断地怨天尤人。宽于待己，严于待人，最终只会使你失去去爱、去体味生活的能力，失去被爱、被接受的权利。

我要告诉你的是，不要偏执于自己的感觉。有时候，欺骗你的正是你的感觉。人们总是以设想自己的方式去设想他人，总是受"先入为主"这一原则的左右，把最初得到的印象看作明媒正娶的正室，而把后来的印象作为偏房，这正是犯错误的开始。

由于错觉总是首先来到，真相于是很难有立足之地，这样偏执的结果留给自己的往往是挫折和痛苦。

为什么我们不能试着"以恕己之道恕人"呢？

在很多人的心目中，原谅、宽恕似乎是一种属于道德层面的东西，但原谅不等于放下，宽恕不等于和解，一句轻飘飘的"没关系"并不能终结所有的怨恨和伤害。实际上，宽恕不是让我们捂住心里的伤，去扮演一个圣母的角色，而是我们需要学习的一种能力，也是我们在处理人际关系时的一种有效方法和必要手段。

威斯康星大学教育心理学教授鲍勃·恩莱特博士，在他的著作《宽恕是一种选择》中指出："宽恕最终是一种自由，而不是压制。宽恕并不是别人做什么都是好的，你仍然可以很清楚地知道，他们的行为是有害的、不恰当的，并尽自己的力量让社会上减少这样的行为，但这并不意味着要用别人的错误来惩罚自己，让人生一直沉浸在愤怒和怨恨之中。"

每个人都讨厌伤害，但事实上，不肯宽恕给人的伤害往往比你为之愤怒、伤心的对象伤你要更深。你看见过这个世界上有谁能不怀宽恕之心而活得快乐、自由？没有。即使他能拥有片刻的快乐，最终也会被怨愤及痛苦笼罩上沉重的阴影。每个人都有自己成长、生活的方式。没有谁能心甘情愿地为了他人的期望而活，所以也不会有谁能完全顾全你为补偿自己在某方面的缺失而额外要求的期望。最后，只是期望越多、失望越多。因为，当你抱着某种希望填补自己对安全感的缺失、希望填补自己空虚、无聊的心灵的期望与他人交往时，你所付出的感情指向目标往往会成为你心灵的支点。

然而，过多的期望和需求只会牢牢地束缚住你的期望目标，使你会有"笼中鸟"的压抑和不满。人们需要的是平等的交流和相处，人们需要的是彼此心灵的需要，而不是因为需要而需要。

如果能够做到恕己，并以恕己之道恕人，那么问题就简单多了。一份真正的宽恕，会让你得到情绪上的解脱和身体上的真正释放。正如鲍勃·恩莱特博士所说："你宽恕别人越多，收获得就越多，它会有助于你改变对自己和对他人的看法，改善人际关系。学会宽恕有助于缓解焦虑和抑郁，有研究表明，萌生'宽恕的念头'，能有效降低患高血压和心脏病的风险。宽恕了别人，其实也就是治愈了自己。"

不要把一生的光阴都浪费在怀恨与悔恨之上，如果直到临终之时才大彻大悟，那就已经为时过晚。人们最终成为心灵的囚笼中被判无期徒刑的死囚，会为自己没有快乐、宽容的一生而后悔莫及。

对付痛苦最好的药方是忘却，而产生忘却配方的，人们却常常抛之脑后。那些令人怨恨、痛苦、沮丧的事，唯有你宽恕令你怨恨、痛苦、沮丧的人，才能够达到忘却的境界，而快乐正是由此而产生的。

"人生本已短，何不得悠然？"

灾难、不幸、痛苦、伤害、挫折、失败……所有这些事，不管是由于谁造成的，它们都已经成为过去。"已经"存在的东西，无论你怎样介意、怎样为之伤怀，都是于事无补的。既然如此，何不恕己、恕人，突破心灵的囚笼，给自己一种轻松、快乐的生活呢？

3. 心灵的囚笼：因偏执而无助

当人们受到挫折、失败、不幸的打击之后，抑或是人们产生了失望、沮丧、痛苦等情绪之后，往往会失去改变的力量，选择消极地把自己的心灵封闭在一个囚笼里，感觉不到温暖的阳光，也看不见华美的星光。

突然的打击让他们无法承受，他们会在心底无助地呻吟："我不能……""我无力去改变什么，也无力去做什么……"

人们为什么会处于这种无助的状态呢？

实际上，一个人对生活中所发生的大小事件的反应态度是积极的还是消极的，都取决于他自己在心目中给予这些事件的期望值的大小。换句话说，人们对这些事件的反应都是自己制造出来的。如果一个人从这些事件中感受到了不符合期望的因素，而因此产生痛苦、失望、沮丧、无助的情绪，那正是人们身处"心囚"的证据。

阿玲正一个人坐在房间里心烦意乱、焦躁不安，因为她的男朋友刚刚大步流星地离开她家，既没有告诉她他会去哪儿，也没有告诉她什么时候会打电话来，而是就这样离开了。阿玲既伤心又气愤："你走吧，最好永远都不要理我！"赌气说了这样的话后，阿玲又后悔了想飞奔去追他，握住他的手，告诉他自己的感受，要他解释为什么会这样无情。但最后，她却什么也没做，阿玲感觉到无比的失望，她对自己说："我没有办法处理这种若即若离的关系，这实在是太累了。"

阿玲满脸泪痕，期望有人能来拯救她，然而，没有人能为她的失望负责，甚至连她的失望，也与她男朋友的行为没有太大的关系，完全是阿玲的行为决定了她的感觉。

如果我们深入分析一下阿玲所说的那句话里的深层含义，就可以看出，她所谓的"我没有办法处理这种若即若离的关系"，其实是在说，"我不愿意采取积极而热忱的措施，去改善、增进彼此之间的感情。"

虽然从表面上来看，阿玲深受这段感情的困扰，但实际上这却是她选择的结果。她在这种若即若离的关系中显得软弱无助，但没有人能帮得了她，让她自己认识到"我没有能力改善现在的状况"，实际上是指"我不愿意改善现在的状况"，从而让她能够直面现实，承认使自己陷入痛苦、沮丧、束手无策的无助状态，完全是因为她对自己所设定的期望目标怀有不合理期望值的缘故，所以，她唯有给自己所期望的目标设定合理的期望值，才能使她的心灵逃出牢笼。

在生活中，很多人也与上面案例中的阿玲一样，被各种事情所逼迫，感叹深陷其中的无能为力。然而，仔细想一想，那些让你无法可解的困境，究竟真是绝境，还是我们自己制造出来的幻境？

现在，就让我们来分析一下，那些困扰你的无助究竟都是些什么？

（1）渴望去做看来永远无法做到的事。

（2）害怕做那些不可能做到的事会伤害到自己或招来旁人的嘲讽和批评。

（3）觉得自己没有办法把往日的不愉快一一忘掉，然而回忆却常令人黯然神伤，但无论如何，一切都已经过去了，再怎么样也于事无补。

（4）没有办法知道他（她）在想些什么，因为怕他（或她）误解、多心，如果惹他（她）生气就惨了。

（5）没有能力去管教孩子，好好和他讲道理他不听，打他又怕伤害他。

（6）很希望拥有一段奇妙而美好的情感，却没有办法让自己有多付出一些的热忱和勇气，因为害怕遭到对方的拒绝，徒劳地让自己伤心难过。

……

从这些无助中，你看到了什么？实质上，所有这些"没有办法""没有能力"，其中的真相，都是不愿意尽自己的努力去改变你所谓的无助状态。这种"我无能为力——我不愿"的行为模式，使你表现出来的和你心中真正想要的完全逆向而行，这只会使你一而再，再而三地感到无助，从而使你自己深陷心灵的囚笼，痛苦而不能自拔。

在希腊神话中，有一个足智多谋的人叫西西弗斯，他因触犯了众神遭到了惩罚，宙斯要求他每天把一块巨石推上山顶，但这块巨石太重了，而且没有棱角，当每次他刚要推到山顶时，巨石就会从山上滚落下去，这样的事情每天都会发生，西西弗斯的劳动永远也没有止境，没有尽头、没有希望，他的惩罚永远也不会结束，他的一切努力都没有意义。

很多在生活中感到无助的人，就像神话中的西西弗斯，明明已经付出了极大的努力，结果却总是徒劳，这种徒劳无助的感觉，在心理学上被称为"习得性无助"，是指个体经历了持续的失败后，感到自己对一切都无能为力，从而对现实感到无可奈何的一种心理状态。

这个概念最初是由美国心理学家马丁·塞利格曼在做动物实验时提出的，他将狗关在笼子里，旁边放上蜂音器，只要蜂音器一响，就在狗身上施加难以忍受的电击，狗四处躲避也无法逃走。如此多次以后，只要打开蜂音器，狗就会趴在地上惊恐哀嚎，即使打开笼子，狗也不会自己逃走，而是绝望地等待痛苦的来临。

于是，塞利格曼便将这种现象称之为"习得性无助"，并且他进一步指出："当一个人在某件事情上，付出多次努力并反复失败之后，就会产生行为与结果无关的信念，然后他就会将这种无助的感觉，泛化到新的情境之中。"

为什么我们会认为自己无能为力？

随着研究的深入，塞利格曼总结出了一个人在进入"习得性无助"状态时，前后会经历的四个阶段：

第一个阶段，遭受挫折，虽然加倍努力，却仍屡战屡败，认为造成失败的因素是自己不可控的；

第二个阶段，由于连续失败，认为自己再怎么努力也改变不了命运，感到"无能为力"；

第三个阶段，因为过去屡次失败的经历，对未来产生了恐惧，并认为以后的事情会遭遇同样的失败，对未来感到绝望；

第四个阶段，进入"习得性无助"状态后，就只会被动接受，不再挣扎改变，对任何事情都提不起精神。

之所以会出现这种情况，除了不良的归因方式，不恰当的评价方式之外，还因为多次失败之后，产生了心理上的强化，即使机会来临，也不会自己争取，而是破罐子破摔，成为一个把自己关在"心灵囚笼"中的人。

那么，有什么办法可以避免"习得性无助"呢？赛里格曼通过自己的研究，提出了三种可以尝试的办法。

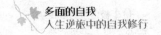

首先，调整认知，检查自己的归因模式。

不要习惯于把自己的痛苦、不幸、烦恼、沮丧都归咎于他人，认为都是他人才把自己置于现在这样的境地。实际上，外部环境和他人的影响就好像催化剂一样。如果你本身并不具备产生化学反应的条件，催化剂对你是无能为力的。

况且，在化学反应中，催化剂本身并不发生变化，将你置于不快乐地步的正是你自己。如果永远以你的个人需要为基础来与他人建立关系，就会形成一种极易发生裂变的"非正常融合"型关系。

其次，从生活中的小事开始，慢慢建立自信。

过去的失败并非命运的作弄，你对生活也并非无能为力。摆脱无助的状态，让自己克服无能为力的软弱，改变你的"不愿意"，才能真实地改变你的生活状态，譬如：可以试着积极参加一些有易于心情舒畅的活动、积极投身体育锻炼，找到一条让你快乐、轻松的途径；也可以变换一下家居的布置、策划一次郊游野餐等，不要因为一时的挫败而忽视了生活中的小确幸。

当你不愿再做一个"心囚"中的牢犯时，就会正确地面对生活中的种种不快，承认自己除了曾经受到伤害、遇到过不幸之外，还有感受成功和幸福的能力。你应该充分享有自己管理自己、完善自己的权利，并充分享受其中的快乐。

最后，对容易引发无助的领域，适当降低预期。

　　当某些事情引发了你的无力之感后，不要一根筋地钻牛角尖，试着从另外的角度寻找解决之道，如果你的工作不合你的心意，可以设法做出调整，人生的大部分时间都要与工作打交道，不要让它成为过度勉强自己的苦差事；如果人际关系让你困扰不已，试着先去为别人做一些事，不要计较得失和与人争执，不要总说"我什么都做不了"，而是"我还能做点什么"。

　　这个世界没有什么是永恒存在的，心理钟摆的运动规律始终具有互换性，如果以乐观、积极的态度去面对生活，你就会发现：偶尔的苦闷是正常的，总是沉溺于苦闷之中则是不必要的，睁开眼睛，打开牢笼的钥匙其实就在你自己的手中。

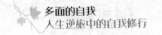
4. 谅解、宽恕与容忍

"我并没有做错什么，为什么受伤害的总是我？"

"人心太复杂，怎么做才能走出自己的小圈子，在社交中如鱼得水？"

……

这个世界上有很多人，而且我们正是通过人与人之间的交往，来感受到这个世界的温情的，也会经历感情中的跌宕起伏，与他人在强烈的爱恨中缠绕纠葛——好人、坏人，熟悉的人、陌生的人，亲密的人、仇恨的人，都在这条路上艰难地跋涉着。

存在主义哲学家让-保罗·萨特在他的戏剧中说，"他人即地狱"；个体心理学创始人阿尔弗雷德·阿德勒也曾说过，"要想消除烦恼，那就只有一个人在宇宙中生存。人的烦恼皆源于人际关系。"然而，并不是所有的人都能脱离人群独自生存，把自己关在笼子里也不是长久之计，如何才能在保有自我的前提下与世界建立良好的互动关系呢？

其实，改变不难，只要你能够了解这三个词的真正含义。它们是：谅解、宽容、容忍。

首先，我们来聊聊"谅解"这个词。

从字面上看，谅解的意思是"了解实情后原谅或消除意见"，但实际操作起来却并不容易，面对别人有意或无意的伤害，我们应该如何正确地去谅解对方呢？

谅解并不是一味的忍让，在做出谅解的决定之前，你应该先从心理上认识到：可能对方的某些"伤害"或"冒犯"并非出自本心，他们并不是有意的。日常生活中各种"冒犯"的例子实在不少：别人走路或乘坐公共汽车时踩到你的脚或是挤着你，别人推车时撞倒了你的自行车，别人洒水时洒到了你身上……面对这些"冒犯"，你能说别人是故意如此的吗？实际上，别人可能只是一个不留神，一时不小心或一个疏忽造成的。

对于此类小小的"冒犯"，可以尝试着站在对方的角度，在心理上保持一定的克制，不要动不动就忿忿然认为别人是跟你过不去。

从心理学上来说，谅解是一种尚未开发的——至少是尚未被人们认识到的治愈力量的源泉：摒弃前嫌和维护自我尊严，看起来是一对不可调和的矛盾体，但试图报复的唯一结果，却是导致人际关系的恶性循环。病理学家指出：不愿谅解别人，可能会导致自我折磨——失眠、消化不良，甚至引起血压升高，而一个人愿意谅解别人时，却常常能体验到一种心灵上的净化和

感情上的升华。

其次，我们再来谈谈"宽恕"。

回想一下，在过去的岁月里，你有没有曾经憎恨或者正在憎恨的人呢？

大概没有多少人愿意承认自己憎恨某人吧，但这种怨恨的情绪并不会因为刻意的压抑而消失，事实上，有些情绪越压抑，就会因此在一个人心中越烧越旺，从而极大地影响他的人际关系。

正视你的怨恨。只有首先承认了它的存在，才具备宽恕出场的条件。如果你憎恶某人，或是对某人有意见，不如公开承认这种憎恶或意见，这样你自己的情绪反而会得到释放，也等于在告诫对方：你在××方面做得可不怎么好啊！如此一来，你就可以把自己潜意识里的负面情绪释放出来，再通过行为发泄出来，等负面情绪释放完毕，才可能有机会迎接积极情绪的到来。

当你对某人产生怨恨的情绪时，你还应该将错事与做错事的人区别开来对待。俗话说，"对事不对人"，我们应该就其行为表示愤怒，而不应对行为者表示憎恶。宽恕产生的条件之一，就是要你寻找对方闪光的地方，从而让你的情绪发生新的变化。

我们应学着说出"既往不咎"这几个字，但这绝不是要你彻彻底底忘却了曾经的过失与伤害。事实上，过早的忘却也许是一种逃避心灵的宽恕疗法，所以这并不安全。只有当人们做到了真正的宽恕，忘却才是一种健康的征兆，代表我们已经与自己的内心达成了和解。

虽然宽恕很难，但心理上的憎恶与成见更难摒弃，但你必须要有恒心、有信心，只要坚持下去，事情就会发生变化。

另外，学会了谅解与宽恕后，如何灵活地接受别人的道歉，如何继续保持彼此之间的和谐与友谊，也很值得一谈。一般情况下，大家最常用的是三个字——"没关系"，但你也可以适当地加上一句："忘了它吧！""这也不全是你的错，我也有不对的地方！"类似的安慰话能消除对方的心理障碍，使对方获得心理上的平衡，甚至让对方对你心存感激。还有在一些情况下，通过非语言的交流同样也能达到这个目的，所谓"相逢一笑泯恩仇"，两个人会心地一笑，所有的恩怨尽数化解。如果是至交好友之间产生了误会，适时地拍几下对方的肩膀，扬扬眉毛，点点头，也就冰释前嫌了！

如果说，谅解和宽恕可以使我们在面对别人的错误时，通过恰当的情感表达体现出个人的涵养与气度，那么，培养自己的容忍度，则可以让我们得到别人的尊重与敬仰。

最后，与前两者的含义不同，"容忍"的含义，是指人们在正常的人际交往中所表现出来的容人容事，具有良好心理应激反应能力的一种社会心理特质。现代的社交生活离不开容忍。社交中优势地位的取得，就看你是否有容人之量，是否能识人所长。如果总以己之长，比人所短，心里只装得下自己，那就

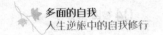
是自设樊篱，自以为是，这样不仅阻挡了别人，也妨碍了自己，就不可能形成良好的人际关系。

举个例子，如果你是名普通的职员，单位里突然来了名红人，颇受领导赏识，你有什么感觉？如果你是一位领导，下属的才能大大超过你，你又有什么感觉？

面对这些场景时，一定要正确调整自己的社交心理状态。人际交往，是心灵的交流，是人格平等的交往。拥有健康的社交心理状态，是一个人在任何事情上取得成功的关键。

正所谓"海纳百川，有容乃大"。在社会生活中，人与人之间相互误会，发生冲突的事屡见不鲜。有人会觉得容忍很吃亏、很受气、很丢面子，甚至觉得那是懦弱的表现。实则不然，正常的心理状态有助于你对别人进行正确的判断。当发现别人的长处或成绩时，你可以注意观察、学习、讨论，不耻下问，而不应该是嫉妒、诋毁、抱怨。如果你只站在自己狭隘的立场上，用偏颇、静止的眼光去看待别人，这不但无助于自我的成长、无助于建立自己的人际关系网，还可能使你成为游离于群体之外的孤独个体。

人的一生中，不痛快之事十有八九，有些事甚至会使你怒火中烧，而此时此刻也正是最能体现一个人的修养、气质和风度的时候。如果不能做到闻过则喜，那至少也要做到闻过而不怒，闻过而不生恨，这样不仅给予别人阳光，也给自己留了一条救赎之道。

05 被扭曲的自我

重构自己与世界的关系

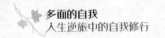
【心理测试】你的成就动机究竟有多强?

"朝九晚五"是否能带来成功与财富?

为了成功,你愿意付出多少时间与心力?

这样忙碌过活,到底值不值得?

(指导语:以下"动机测验"包括25个陈述,每个陈述都与行为和态度有关,仔细阅读每个陈述,看能否反映你自己的个性或态度?由于每种态度因受试者不同,有正反面及程度上的差异,回答时请按不同反应状况填入适当的编号,作答完成后,再依计分方式算出总分)。

答案选择如下:

①完全不像我

②不太像我

③很难说像不像我

④很像我

⑤完全像我

(1)我尽可能把每一分钟都用在工作上。

（2）我很少把工作带回家。

（3）我每天要做的事情太多了，24小时根本不够用。

（4）我会尽可能地减少工作时间。

（5）我经常利用零碎时间工作，如等电影开场时记账。

（6）当我把工作交给别人时，总是担心别人能否胜任。

（7）如果熬夜有助于准时完成工作，我可以彻夜不眠。

（8）对我而言，工作只是生活中的极小部分。

（9）我喜欢同时做很多份工作。

（10）我觉得"多做无益"，很多人会怨恨我，因为我多做事会让他们显得很差劲。

（11）我经常周末加班。

（12）如果可能，我根本不想工作。

（13）我的职位可以更上一层楼，但我不想卷入职位竞赛中。

（14）我比任何同职务的人愿做更多的工作。

（15）朋友说我工作太拼命了。

（16）如果打打零工就可糊口，那最好不过了。

（17）我觉得休假很轻松，我喜欢尽情享受，什么事也不做。

（18）碰到好天气，偶尔我会放下工作，到郊外玩玩。

（19）我总是有一些杂务和约会等待处理。

（20）一刻不工作就会令我忧心如焚。

（21）我相信"爬得越高，跌得越重"。

（22）我经常设定超出能力所及的工作。

（23）我相信懂得花钱就可以不必辛苦工作。

（24）我认真工作时，会将与工作无关的一切都抛在脑后，即使是很重要的私事。

（25）我认为整天工作的人令人觉得乏味，不把工作看得太重的人大都生活得比较有趣。

计分法：

（2）、（4）、（8）、（10）、（12）、（13）、（16）、（17）、（18）、（21）、（23）、（25）反向计分，即你选1则得5分，选2得4分，选3得3分，选4得2分，选5得1分。其他各题选几则得几分。将每题的得分加起来得到总分。

得分在25～51分，很低

得分在52～77分，低

得分在78～96分，中等

得分在97～107分，高

得分在108分以上，很高

结果分析：

成功往往可以带来财富，追求成功的欲望是很多人努力的动机。尽管很多心理学家相信，累积财富是人类的本能，但除了财富，更重要的是在累积财富的过程中心理上的收获，像被接受、被肯定、权力和个人满足感等，都会使人产生动机去追求成功。

"动机测验"就是衡量你在追求成功时，愿意付出的努力和自我牺牲的程度。

·得分很低者

要想成功会面对两难的境地：想成功却不想工作。在工商界里，这些人的态度被视为不正常。如果你的得分落在此组，你就应该决定你是否应该做些该做的事去达成目标。害怕成功的感觉可能会使你退缩，对本行业不熟悉也可能使你兴趣缺失，没有安全感。除非你能克服缺乏动机的缺点，否则成功的机会微乎其微。

·得分低者

和得分很低者情况接近，他们追求成功的驱动力稍高，但还不到可以为成功而打算加倍努力的程度。得分低者倾向于守株待兔，枯坐等待成功的来临，而对于这一点，他们可能都还不自知。

·得分中等者

秉持"有多少做多少"的哲学，不会为了成功而努力过度，但他们会在容易做到的能力范围里尽量去做。得分中等者是实用主义者，会顺着情势来决定动机强弱程度。如果你得分落在此组，最好考虑一下加强追求成功驱动力的好处，把握机会的人、乐观的人和工作努力的人才是人生赢家。

· 得分高者

正走在成功的大道上，他们会善加利用对自己有利的情势，并驱策自己去创造机会。得分高的人企图心强，并且清楚自己应该努力的方向，工作态度认真，会做长期计划。他们的自信和精力源于目标不变，对本行业的基本知识有深入的了解。

· 得分很高者

要小心，因为他们已沦为"工作狂"。获取成功并不是他们的问题，因为早有定论，这种人的问题是追求的东西永远不嫌多，并且成癖上瘾。他们追求更多钱、更多权、更多势。如果你的得分落在此组，切记，真正的成功是满足于你自己现在是怎样的一个人，满足于你现在的人际关系，慢慢地，你就会明白，过多或没有必要的成就并不代表完全的成功。

1. 上了发条的现代人

最近，于强常常来找我咨询。他告诉我，最近自己总是觉得特别紧张。一天到晚忙忙碌碌的，没有一点属于自己的时间，甚至连睡觉的时候也会想着明天要做的工作，脑子里始终有一根弦绷得很紧。

说这些话的时候，坐在对面的于强脊背挺得很直，似乎全身的肌肉都在用力。尽管我一再告诉他没有关系，可以放松一点，但他好像没办法做到这一点。即使是在不说话的时候，我也能从他的面部神情上，感觉到他大脑在紧张地"工作"。

等他的情绪稍微稳定一些后，我开始试图了解于强的生活和工作情况："是否觉得生活中有什么不顺心的事给他施加了压力"或是"工作的高度挑战性让他很紧张"，但这些情况都被他一一否认了。他告诉我，自己是一个工作狂，事业和生活都平稳有序，但他的内心却总是没有踏实笃定的感觉，如果有什么事当天无法完成，他甚至会寝食难安。

在整个谈话过程中，于强都尽力表现得很冷静。然而，经过一系列测试之后，我发现于强的问题是典型的承受隐性压力过

大，那么，究竟是什么给了于强这么大的压力呢？

其实，每个生活在现代都市的人，可能对于强的感受都心有戚戚焉，我们从各种媒体里，也经常能看到这样的报道——"某女士连续加班在地铁站痛哭""男子逆行被罚，哭诉压力好大"……在这个竞争激烈的时代，我们似乎只有将自己的运转速度加快到世界的运转速度之上，才能避免被无情的时代所抛弃。

然而，人毕竟不是机器，当生活变成了一张越来越长的日程表，甚至娱乐、运动、交友也慢慢变成时间表上必须要应付的一些"项目"时，不管我们在做什么，耳边似乎总有一个时钟在滴答作响，提醒你还有多少事情等着你去完成，而每一件事情都让人心烦意乱，让人越来越没有耐性。

这种状况一旦发展到了某种程度，你的心理就再也承受不了这种持续的压力和紧张，身体也开始发出抗议：突发性心脏病或胃溃疡是常见的病症，越来越频繁的偏头痛、胸口闷，莫名其妙的窒息，让你倍感痛苦。这些，都是身体发出的警告信号：你已经成了时间的奴隶！

你可以使用下面的这些方法进行自我检测，看自己是否总是处于紧张、忙碌的状态，是否正处于时间的压力之下：

留出完整的十分钟时间，确保自己不会受到任何打扰。你可以将电话调至静音，锁好房门，让自己安安静静、舒舒服服地坐在沙发上，闭上眼睛，全身放松下来，什么事情都不用想。如果在这期间，你忍不住睁开眼睛去看时间，那也没关系，闭上眼睛，继续你的测试，直到做够十分钟为止。

怎么样？你的测试做完了吗？在这十分钟内，你看了几次表？你觉得这段时间，过得快还是慢？当你坐在沙发上时，会觉得无聊、苦闷、烦躁、焦急，还是感到逍遥、自在、舒服、平静而愉悦呢？你是否为浪费了这么宝贵的时间而感到懊恼？

有人说：幸福、快乐的时候，时间如飞；痛苦、失落的时候，时间如爬。当于强坚持到十分钟结束之后，他告诉我，自己完全无法真正放松，即使他要求自己什么都不去想，脑子里还是会不由自主地盘算什么事情还没有做完，甚至会为自己在没有做完事情的时候坐在这里虚度时光而感到不安。

由此可见，于强就是一个很典型的，正处于时间压力之下状态的人，虽然他的工作和生活都还不错，但他是一个很有责任感和进取心的人。所以，在潜意识的指示下，他不断地给自己加压，以警示自己不要在生活上出现任何纰漏，不要在工作上落于人后。虽然他已经做得很好了，但这些潜在的压力，却造成了他神经上的持续紧张、压抑，并引起了一些扰乱他生活秩序、损害身体健康的负面效应，譬如，他常常会失眠，即使醒来之后全身的肌肉也会酸痛，遇到些小麻烦就会出现烦躁不安，情绪趋于失控等现象，而这些表现都是这一压力下的典型反应。

生活中，有很多像于强这样的工作狂，都存在这样的时间压力，他们每天无休无止地工作，限定一天之中必须完成的工作。在他们眼中，生活即工作，为了提高效率，他们总想一口气完成好几件事情，但通常又分不清事情的轻重缓急，每一件事情都会令他们焦头烂额，事必躬亲是他们工作的特色，虽然他们说自己热爱工作，但却永远无法从工作上获取满足所带来的快乐，永远也享受不到生活真正的乐趣。

要知道，并不是所有喜爱工作、认真工作的人都是工作狂。虽然他们也会对工作全力以赴，给自己订立具有挑战性的目标，但这个目标却是基于自己能力的现实目标，而不是像工作狂一样，被过重的责任感或过高的欲望所操纵。否则只能是虽然越来越忙，但却越来越把握不住自我需求，离心目中的成功也越来越远。

工作狂可能时刻会对自己说："我无法慢下来。"然而他们的身体的反应却清楚地表明：他们必须放慢步伐，调整步距。如果你也厌倦了这种紧张、忙碌的状态，可以试着从以下几个方面进行调整：

方法一：审查你每天"必须"要做的事，分析一下哪些是非做不可的，哪些是纯粹用来填补空档的，然后考虑是否可以去掉这些活动，把时间节省下来。

方法二：你应该认识到，工作时间的长度和强度是必须的，但更重要的是，如何从工作中获得新的进步和发展。有时候，一个巧妙的解决方法、一个新鲜的主意、一个别致的创意、一个及时的电话，远比你连续埋头苦干几个小时的收获大得多。

方法三：在你安排一项计划、一份工作的时候，在时间安排上给自己留一点余地。通常情况下，要给犯错、时间的延误、意外事件的发生预留30%的时间，有这样的计划及工作意向，才是比较有效率的。如此一来，你就不会因担心失败、超时而给自己施加太大的压力。如果进展顺利的话，你还可以额外享受提前完成任务的喜悦！

方法四：如第一条所做的那样，你节省了一些时间出来，那么，你可以试着认真对待这些时间。很多时候，人们让各种各样必须要做的事情填满了生活。其实，生活的意义不仅仅在于拼命地做事和收获，享受"什么也不做"的闲适时光也很美妙，和自己所爱的人共度休闲时光同样很幸福，晚餐后、黄昏时静静地漫步也会给你带来不一样的感受。

方法五：善待自己的生物钟。每个人都有不同的生物钟，提醒自己什么时候做什么比较有利于身体的健康。应该尊重自然规律，不要再给自己施加太多压力和任务，等生物钟紊乱之后再想着去补救。懂得利用自己的生理高峰期去做事情，往往事半功倍；在生理低潮期的时候不妨多安排一些休息、放松、娱乐活动。

方法六：最关键的是，把自己适当、适度的休息和放松视为理所当然。你才能在休息的过程中真正地调节紧张的情绪，不要为自己偶尔的"不做事"感到不安和歉疚，世界不会因此而抛下你。

永远不要把自己的压力归罪给时间，它是最公平、最铁面无私的裁判。

当你给自己留出足够时间时，它会让你在生活和工作中游刃有余；当你设立合理的目标并出色完成任务时，它是你最合手的工具，不要把它当成你的敌人，真正决定你生活是紧张或快乐的裁判，不是时间，而是你自己。重新审视你与时间的关系，是自我与这个世界和解的第一步。

2. 工作狂的误区：努力工作必有收获

不管是从身边还是各种媒体上，我们经常能够听到这样的励志故事：某某如何努力工作，最后终于取得了巨大的成功。换言之，你之所以今天还没有成功，就是因为你不够努力，你必须付出更多努力，才能有所收获。

然而，事实真的如此吗？

实际上，付出并不总等于得到，不管你给自己强加多大的压力，你所做的事情总有一部分会因为各种原因而毫无收获。当你被那些名人的成功故事激励得热血沸腾时，有一点一定要提前知晓：他们口中所说的努力，只占他们成功策略中的一小部分，除了专注于工作，促成他们成功的因素还包括明确而合理的目标、饱满的信心、周密的计划、坚毅的意志、非凡的能力以及来自各方面的帮助等，缺一不可。

不是每个人一腔热忱的付出，或者孤注一掷的努力都能有所收获，这是一种普遍性的误解。如果非要给成功加一个条件的话，那也是主观努力加客观环境共同作用的结果。如果我们无视能力与目标的限制，勉强自己做根本做不到的事情，不仅于

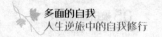

结果无益，还会使自己的心理陷入一种狂乱的状态。

很多陷入该心理误区的人，都有一个非彼即此的概念，即如果在事业、工作上没有什么突出的表现，就意味着可怕的失败。因此，他们往往会掉入过度工作的怪圈，即使有些工作是完全不必要的，他们也会一直让自己处于"忙"的状态之中，直到自己不能胜任为止，就像一个被放在滚轮上的小白鼠，日复一日地奔跑，直到筋疲力尽。

郑方明就正面临这样的情形。他职高毕业之后，被分配到一家大型出版公司的收发室工作。在工作中，他诚实可靠，责任心强，非常讨人喜欢。不久，他就获得了领导的赏识，被安排到了一个更加重要的部门。在这里，他同样表现出了超越于其他人的能力，每天的工作对他来说都充满乐趣和挑战。然而，他并不打算止步于此。

一次偶然的机会，郑方明得到提拔，被升到部门主管的位置。短短几年内，他从一个没文凭、没背景的小职员，成长为单位的风云人物，然而，熟悉他的人却发现，郑方明变了，从原来和气、讨人喜爱的模样，变成了一个神经高度紧张，思想凝滞僵化的人，而唯一不变的是他的野心。两年之后，由于工作记录优良，在郑方明的努力争取下，他被单位分到了外调部门做经理，一切看似都非常顺利，然而，谁也没有料到，这竟然是他毁灭的开始。

只有郑方明自己知道，在从毕业分配到做经理的这五年时间中，他遭受的个人损失远远大于他所取得的成就，包括他自己的健康、休闲及享受家居娱乐的时间，他变得被动而孤立。基于责任的驱使，他成了一个工作狂，同时还必须对抗心中对不能胜任其职务的恐惧。

每当他一个人静下来时，他总会想起早年工作时的情景，虽然现在的地位比那时高出许多，但那个眼里有光、意气风发的年轻人却再也回不来了，而他也在疯狂的工作中，忘掉了自己的初衷。这也是他陷入"只要努力工作就必有收获"误区的必然结果，使自己陷入到不能胜任工作的情境之中，让工作把自己折磨得心力交瘁。

郑方明最终明白：如果他想改变现在的状况，最重要的就是找准自我需求，给自己确定一个合理的目标，才能重新找回自己对生活的主动权，否则自己也将成为那些欲望扭曲下的牺牲品。

乔治·莱赫纳博士和艾拉·席柏博士在《人格适应发展史》一书中，曾讲过这样一个实验：

他们在障碍箱子的一端放了一只老鼠，另一端放置了一片奶酪，老鼠与奶酪之间隔着一道充电的铁栅栏。如果老鼠在被放进箱子之前已经喂饱了食物，它对奶酪所表现出来的兴趣就只是表面化的；如果没有喂饱这只老鼠，而且它已经被饿坏了，

那么它会想尽一切办法吃到那片奶酪，甚至不顾遭受电击的危险，甘愿碰触铁栅栏。在饥饿的驱使下，它会不断地尝试，直到成功或是累倒。

他们借助这个实验，向人们解释，需求会在多大程度影响人们的行为和对危险的判断。尽管人类是不同于老鼠的、有理智的高级动物，但在实际生活中，就像实验中的老鼠一样，有些人认为快乐就需要有很多钱，有些人认为成就大于一切，当他们致力于满足这种需求而不顾一切时，生命中的其他需求就被冷落了，危险也会被置之脑后。

人活在世上，可以说，所有的行为都是由需求催生的。人应当通过了解自己的需求，界定自己可胜任的范围，找到我们在这个世界上最舒适、最合理的位置，否则就会反被需求所控制。

那么，如何了解自己的真正需求呢？需求不是要求，需求也不是向往，我们对其进行辨别，界定哪些需求是基本的，哪些需求不是出于自己的本心，而是受其他因素影响强加上去的，把自认为少了它就无法生存的东西定位出来，就可以帮你更好地了解你自己。

下面两段文字，第一段是一些实际的需求，第二段是一些不实际的需求。你可以尽力去追求自己能力胜任范围内的这些实际需求，而对那些不实际的要心怀警惕。

实际的基本需要：自信、友谊、尊重、信任、爱情、技术、思考及逻辑能力、创造力、自由、自律。

不实际的需要：权力、势力、愚忠、崇拜、控制力、依赖、天才、寻求最好的、惊人的智力能力、练达的交际能力、辉煌的成就、肆意犯罪、纵欲。

通过上面的比较分析我们可以发现：很多时候，我们会因为追求那些不切实际的需求而忽视了满足自己的基本需求，而一旦这些需求没有被满足，你就会觉得沮丧，产生强烈的挫败感却不知该怎样缓解，最后的结果就是，你既追求不到自己设定的那些无法满足的目标，同时又失去了理解自己、令自己快乐的机会。

因此，我们必须把握自我需求，界定自己可以胜任的范围。当一个人觉得自己的生活过得不如意的时候，应该适时省察自己，问问自己，是不是自己的需求和标准出了问题。你除了需要一个远期目标之外，还需要给自己设立一些目前可以实现的较迫切的目标，然后立足于这些目标的实现以求取成功。

如果你在这个过程中产生了挫败的感觉，就应该在第一时间做出判断，看这项挫败是由你自己无法控制的外在因素，还是由你自己的行为疏忽或判断失误造成的，如果一个人的理想与标准很不切实际或要求过多，则势必会成为"必须"和"应该"的牺牲品。

罗马哲学家马卡斯·奥里欧斯说过，"生命是由我们的思想

构成的"，而洛更·皮尔索·史密斯则有更明智的劝告："生活中有两个目标：第一个是得到你想要的东西；第二个是享受所获得的东西。"只有聪明的人才能达到第二个目标，而不是成为一个饱受工作压力和痛苦的工作狂。

要知道，你永远比你所做的事情重要，你永远比你的收获重要。当我们明白了自己的真正需求时，应该这样面对自己：

真正的我即使不依靠成就，也会觉得自己很不错。我可以放松自己，可以享受闲暇时光以及和家人相处的时光。无论在什么样的工作、人际关系及环境之中，都能充分认识自己的价值并肯定自己，无论什么时候我都是个快乐而满足的人。

3. 不做最好，又怎样

我在报社工作的时候，曾经采访过一个在某环保NGO工作的人。他在30岁的时候就成了一个百万富翁，过着众人羡慕的成功生活，但在采访中他却这样说："当时我对胜利之意义如此微妙而感到惊讶——胜利留给我的只是内在的空虚感。"

当时，不管是事业还是家庭，不管从哪个方面看，他都是很多人眼里的人生赢家，但在生活中，他负担沉重，每日无法安睡。最后，乔在对自己的内心需求做了一番仔细的探析之后，他的想法逐渐成熟，并最终决定放下当时的事业，去环保 NGO 工作，成为一个收入微薄却要为宣传环保事业而四处奔走的人。

在讲述这个决定时，他平和的面容上带着一丝满足的笑意。他说："如今我对生活满意多了。我了解到，真正的快乐源于帮助他人，即使不能大富大贵，我也觉得很快乐。"

对于自己当初的选择，他从来没有后悔过，反而是很多不相干的人，在听到他的经历之后，表现出了相当的不解：为什么有钱不赚，要这样自甘堕落，这完全与他们脑中的成功之道背道而驰嘛！

很多人之所以会产生这样的想法，与我们从小所受的教育脱不了关系。从小到大，我们被家长、老师灌输的观点，就是要做第一、要赢、要成功，如果没有这样的进取心，那就是没出息，甚至不如输家。对他们来说，成功的意义大于爱、大于所有生活的享受，甚至大于自己的需求。有的人甚至认为，如果没有做到最好，就意味着失败。他们受这种想法的驱策，不断要证明自己是最好的，但最好的永远只有一个，冠军也只有一个，一旦他们没有达到最好，就会对自己无比失望。

有一位钢琴演奏家名叫杰佛瑞，非常有音乐方面的天分，他钢琴演奏技巧娴熟，才艺令人炫目，得过很多国内外大奖，很多听众甚至连乐评人都为他的演奏着迷，他多年的学习及每日的苦练都得到了不菲的回报。然而，在荣耀的巅峰，他却因为琴技没有进步，无法面对走下坡路的自己，从此拒绝再弹一个音符，甚至不肯为侄女演奏最简单的练习曲或为母亲伴奏生日祝福歌。

杰佛瑞的自我价值感仅存在于完美之中，没有多余的空间留给平凡。对于一直要"做最好的"的杰佛瑞来说，一个错误就是毁灭性的，因此他宁肯在错误到来之前先放弃，这样就可以避免不完美因素对成功的影响。

如果你对自己的肯定全然取决于你的成就，那么你永远也不会对自己真正满意。对于什么都要做到"最好"的人来说，也许他们会在得奖、成名、升职加薪的瞬间获得极大的满足感，但这种感觉转瞬即逝，随之而来的便是更大的压迫与催促，否则他们就会因为没有超越过去的自己，而产生巨大的焦虑与恐慌，不管得到什么，都不会有更多的成就感。

我们为什么要追求最好，成功的真正意义到底是什么？

关于成功的定义，不同的人有不同的看法。励志大师厄尔·南丁格尔对成功的定义是，成功是逐步实现的、有价值的理想。《伟大的种源》一书的作者丹尼斯·惠特尼则认为，当一个人的工作是在朝着可为自己带来敬重与光荣的方向而进行时，他就是成功的了。他说，"成功的不是你所获得的东西，而是你对自己所获得的东西的持续地运用。"

事实上，成功只是一个过程，而不是一种实现。只有你自己才能决定你将来的成功，才能决定你对成功的意向是什么。从心理学上说，成功是一种来自生活和工作中的，有意义的成就感，换句话说，当你感觉某件事有意义，当你的人生实现了你想要的高度和愿景时，那就是成功本身。

很多时候，我们之所以对成功充满向往，恰恰是因为没有见过它的本来面目。对此，著名诗人艾米莉·狄金森的一句话极为正确："从未成功的人把成功当作最甜美的事。"这句话后面隐含的意思是，成功的人从不会把成功看作是一件快乐的事。

如果你把成功当作追求快乐的终点，恐怕你会非常失望。成

功不是结束，相反，它会制造出更多的困难。因为成功所带来的成就之刺激很容易消逝的，你在事业上的成功只会激励你不断努力地工作，好重温你获得成功时的喜悦。

这样获取成功的人，常常容易表现为心理标准上的过度，从而患上工作狂症结，失去享受工作带来的充实感的能力，那是因为他给成功所下的定义超越了现实和自己力所能及的范围，而这种追求成功的过度的表现，使得他丧失了生活本该有的乐趣，忽略了家庭、损害了健康，而且最终却有可能与成功擦肩而过，什么也没得到。这时，他可能会感到悲哀，因为他无法提升自己的思想，从而重新定义成功的新境界，而只能认为自己是不幸的。

成就本身会促使更多的成就，但隐藏在不断追求成功背后的潜藏动机，却经常是"自视过低"，也就是一种"低自尊"的心态。

生活中，我们经常将自尊自爱联系起来，但在心理学中，自尊，即自我尊重，是通过社会比较形成的，个体对其社会角色进行自我评价的结果。除了表现为自我尊重和自我爱护，还包含要求他人、集体和社会对自己尊重的期望。

梅兰妮·芬内尔在《战胜低自尊》一书中，将自尊定义为："我们看待自己的方式、我们对自己的想法，以及我们赋予自己的价值。"一个拥有高自尊的人，因为具备自我认可的能力，即使没有获得多大的成就，也能对自己的能力和价值充满自信，在生活中收获幸福和满足；而一个低自尊的人却恰恰相反，由于对自我认识不足，无法正确处理自己和他人的评价，常常处于焦虑与自卑之中，即使获得成功，也无法拥有幸福的感觉，因为目标的达成并不能给他们带来满足。

这种动机导致的结果就是，他们对自己能力的自我证明变成了一种痛苦的折磨，它使人们永远也无法体认"抵达"的真正感受。如果你对成功所下的定义远远超出现实的可实现性和你的能力胜任之范围，并且你对成功有一种超现实和自虐性的过度需求，与此同时，你以"成功与失败"的标准评估自己，那你永远都无法体认成功的快乐，除非你克服自己追求"做最好的"的行为，你才可以摆脱困境。

只有抱着这样的信念，才可以坦然面对成功与失败："我不要做最好的，我只要做好我自己。"

4. 破除负面效应——
从"怎么办？"到"那又怎么样！"

你对自己目前的相貌、身材满意吗？

恐怕大多数人的回答都是："不！"

在如今这个看脸的时代，长得好看似乎成了一本万能通行证，可以让我们获得很多额外的关注和馈赠，降低在社会上生存的难度。于是，为了获得这种便利，人们对颜值的要求越来越高，甚至引发了外貌焦虑。

当我们看向镜中的自己时，总是下意识地把注意力集中在那些不符合标准的地方：我的皮肤不够光滑，我的腿太粗了，我腹部的脂肪过多，我的眼角有皱纹了……审视一圈下来，我们对自己的外表充满了不安，这种不安反过来又处处夸大了外貌上的"缺点"，使得这些外表上的"美"或"不美"，成为判断自我价值的尺度，也使人们走进了一个误区。

一个人关注自己的外貌，这个行为本身没有问题，但如果过度关注，总觉得自己很丑，甚至影响到了正常的社交和生活，那就要提高警惕了，他很可能患上了"想丑综合症"，也就是"体象障碍"。

体象障碍，又被称为"躯体变形障碍"（Body Dysmorphic Disorder，简称BDD），是指身体外表并不存在缺陷或仅仅是轻微缺陷，而患者想象自己有缺陷，或是将轻微的缺陷夸大，并由此产生心理痛苦的心理病症。对于BDD患者来说，身体的任何部位都可能成为他们担心的焦点，可实际上，那些让他们担心不已的外貌缺陷，很多都是他们自己想象出来的，即使真的存在，它的严重程度也远远没有达到他们所认为的那么糟糕。

作为一种相对常见的精神障碍，体象障碍者在人群中的整体比例为0.7% ~ 2.4%，甚至比精神分裂症或厌食症更为常见，然而，由于对自己的外貌感到羞耻，或害怕别人对自己做出负面评价，只有很少一部分人会选择就诊，这不仅严重影响个人生活和社会职业生涯，而且患者也会陷入深深的痛苦之中。

那么，我们为什么会对自己的体象焦虑？其中的原因非常复杂，可能包括社会文化的影响，自己的完美主义倾向，个人的成长经历，基因与人格特质等，但最直接的原因，是我们对美的定义和判断出了问题。

有人曾说："我们都拿一面哈哈镜来照自己，即使你的外表很美，可出现在镜子里面的形象却不是太胖就是太瘦，某个部位不是太大就是太小，只有打破这面扭曲的镜子，你才有完整及

快乐的可能。"

这面扭曲的镜子，就是我们对于美的标准。

虽然我们嘴里经常说，外貌的漂亮与否并不代表一个人的内在价值，但在实际生活中，即使人们看清了外貌和内在自我价值孰重孰轻，他们还是会拿自己的外表去和他人比较，还是会克制不住地去艳羡广告上那些身材优美、肌肤光滑、面容娇美的明星们。

在许多情况下，人们都有一种惯性思维，那就是：长得漂亮、可爱就备受欢迎，长得难看、普通就备受冷落。人们常常用这种评价标准来判断自己，也以此来对待别人，这就使得一个人在评判他人的外貌或自己被他人评判时，心目中留下的印象只分为简单的两种——"好看"和"不好看"。而且凡是不符合心目中那个判断美的标准的，就是"不好看"。

然而，人们心中的那些判断标准实在太过简单，简单到无法衡量出包括我们自己在内的所有人，每一个人都有不同的生命特质，如果按如此简单的标准来判断，由此得出的结论自然也会非常荒谬。

当我们把自然赋予我们的外貌，都放在一个标准里去检测的时候，很少有人去追问，这个标准到底来自哪里？

它可能来自你周围的环境，他人的影响、所受的教育、个人的喜好等，但还有些"特别"的标准，却是建立在生活中所遭遇的一些不快经历之上的。譬如，如果在你小的时候伙伴总嘲笑你的柔弱和"娘娘腔"，那么你也许到现在都会避讳穿色彩鲜艳的衣服；如果你的朋友批评过你的身材和容貌，那么你可能时刻担心别人会怎么看待你的外貌；如果你被服装店或理发店的职员嘲笑过，那么你可能会加倍挑剔你所看见的新衣服或是新发型……

我们严格遵循着当代美之标准来打造自己，但这些标准却是时常变化的：饱满的胸脯受人青睐了一阵子之后，又流行起类似于发育不健全的小胸脯；淑女的飘逸长发流行了一阵子之后，又流行起活泼俏丽的短发了。由此可见，如果你太执拗于自己的"标准"，就极易使你过度关注外表上小小的缺点或变化，对自身的美缺乏正确的认识，也会使得你本身的美大打折扣。

说到底，别人怎样评价你的外貌根本不重要，重要的是你如何评价自己。如果你总拿不公平的标准去衡量自己，就会在举手投足间向别人发出这样的暗示：我长得不好，不要看我，那样我会难堪的，而别人对你的暗示也会采取合理的回应，即"不去看"，但这样又会极大地挫伤你的自尊心和自信心，久而久之，你就会对你的相貌越发地注意。举个例子，如果一位微胖的女士穿着白色的宽大衣服，想掩饰一下身材的缺陷，嘴里却不停地说着："哎呀，这个不可以吃，我要节食。""哦，那个我不吃，我要保持身材。"试问，你除了会注意她的胖之外，还

会留意她的优点吗？

负面的看法只能带来负面的效应。你对自己外表的注意程度远比你真正长得怎么样重要得多。

除非你已经开始调整自己扭曲的审美观，用一种自我肯定的、积极乐观的态度来看待自己，否则，无论你和社会上认定的"美的标准"多么符合，你也永远没有办法对自己产生满意的感觉；除非得到你的允许，否则没有人可以让你觉得你比别人差。当人们觉得自己充满信心，精力充沛，生活积极，个人极富魅力时，那别人没有理由不注意到这一点，对你的看法自然就会随着这种情绪倾向于正面的观感，而你要做的，就是破除内心的负面效应，从"怎么办？"到"那又怎么样！"

对于很多受外貌焦虑困扰的人来说，他们的思维逻辑都是以"怎么办？"为主导的——"我的眼睛这么丑，怎么办？""我长得这么丑，怎么办？""我这么胖，永远找不到我能穿的衣服，怎么办？""我的皮肤开始松弛了，怎么办？""我的头发开始逐渐脱落了，怎么办？"……无数个怎么办？把人们心中对丑、对肥胖、对衰老的恐惧一层层地展示出来了。

面对这些恐惧，人们不惜投入大量的时间和金钱，去弥补相貌上的不足、去改善不如意的身材，想挽留流逝的韶华。人们试图借着这样的投入，去遮掩心中更深的畏惧：自己的相貌会影响人际交往，畏惧别人的嘲笑，畏惧身体的自然衰老会使自己被年轻一代替补淘汰下来，畏惧日渐衰老的红颜无法留住伴侣的心。然而，自然是无法抗拒的，你越害怕，问题可能就会越严重。

为什么不能把这种种的"怎么办？"转化为"那又怎么样？"呢？

身体发肤，受之父母，自然规律是不可改变的。我们大可不必沉溺于令自己不满意的外貌上，而是应该充分开发自己的内在潜能，完善自己的人格特质，不断充实自己。你会发现，内在的魅力远比外在的美更深得人心：拿破仑的身高无法阻挡他建立第三帝国、颁布《法典》的意志力；腿残疾的罗斯福同样可以使自己成为美国历史上最伟大的总统之一；司马迁在受官刑之后依然写出了"千古之绝唱，无韵之离骚"的《史记》，举这些例子无非是想说明，不要让你的"怎么办？"成为你在事业、生活上一无所成的借口。

主动化"怎么办？"为"那又怎么样？"，才是应该有的态度，也是挽救自己脱离困境的最好自救处方，譬如我们最害怕的衰老，与其逃避与否认，为什么不去想一想曾经走过的岁月我们有多少收获呢？面对逐渐成熟的自己，既要看见岁月的痕迹，同时也应该看到自己涵精蕴华的个人魅力和依然拥有的年轻鲜活的生命力。试着把"衰老怎么办？"转化为"老了又怎么样呢？"，面对岁月匆匆，我们应该骄傲地回首我们的成就，

这是岁月给予我们的报酬。

在我们的一生中，我们总会接受许多看似矛盾的价值观，甚至让我们失去了正确的判断力，没有关系，如果你有双明亮的眼睛，那么，让别人看见你的神采；如果你有明媚的笑容，那么，让别人忽视你脸上的雀斑。即使别人以他的标准去评判你，但你也可以影响外界对你的看法，因为，你才是自己生命的最终定义者，别人只不过是匆匆过客。

5. 社交的进化：一场时间与空间的博弈

现实生活中，常常会出现这样的情况：两个学历、背景、外形差别都不大的人，却在办同一件事时，一个用心做了每一个细节，却吃力不讨好，处处碰壁；另一个却一帆风顺，走到哪里都有贵人相助，成功唾手可得。

因此，常有人抱怨命运不公："为什么我苦干几十年仍是个无名小卒，而他却平步青云，飞黄腾达？""为什么同为下属，上司对我极为冷淡，却和他有说有笑？""都是同级的领导，为什么我说话一点不管用，而他一出现，员工的工作热情就迅速高涨？"

仅仅是依靠幸运吗？唯物辩证法认为"偶然之中有必然"。要知道，所谓成功的原因，除了个人的某些特长与能力外，很重要的一点就是他们拥有一个属于自己的人际关系网，他们会利用自己优秀的社交能力和技巧，将周围的人牢牢吸住。正是依靠这种能力，使他们自己不管在任何场合出现，都会散发出令人折服的魅力。

心理学中，将这种现象称为"光环效应"，也叫作"晕轮效应"，意思是：如果一个人的某种品质，或一个物品的某种特性给人以非常好的印象。在这种印象的影响下，人们对这个人的其他品质，或这个物品的其他特性也会给予较好的评价，就像月晕的光环一样，向周围弥漫、扩散。与之对应的还有一个现象，被称为"恶魔效应"，即对人的某一品质，或对物品的某一特性有坏的印象，会使人对这个人的其他品质，或这一物品的其他特性的评价也会偏低。

有些人之所以受欢迎，做什么都如鱼得水，正是依靠了这种"晕轮效应"，先在不知不觉中给对方留下良好的印象，以后在交往中自然有了许多优越之处。

在前来找我咨询的人中，有很多人都说过这样的担忧：我是个内向的人，我不会说话，不擅于表达，也不擅长社交活动/建立亲密关系，所以我没有朋友，我是个不受欢迎/非常糟糕的人。事实真的如此吗？

其实，这是我们对自我的一种误读，内向不代表情商低，内向的人不一定不擅长社交，你也没有你想象的那样糟糕。认为"内向的人不擅长社交"，其实是社会中广泛存在的一种刻板印象。

虽然内向的人可能在表达能力上有所欠缺，但也具有很多"交际花"们所没有的思考力与专注力，因此，只要我们运用好一些交往技巧，同样可以获得大家的尊重与欢迎，帮助我们打开与外界交流的通道。其中，最有效的办法，就是成功地运用时间与空间，利用这两种强有力的非语言交流工具，向别人传达一种非语言的信息。

我们先来看几个场景：

镜头一：会议室中坐满了人，会议已经开始。这时，门突然被撞开，一个人急急忙忙地冲进来，他没有做任何解释，旁若无人地奔向中间的一张椅子坐下。

镜头二：热闹的晚宴上，人们都在亲切地交谈、微笑，靠墙的一张椅子上坐着一个神色怪异的人，目光不停地移转，细细打量着在场的每一个人。

镜头三：在一间脏乱不堪的办公室里，经理坐在一条硬硬的凳子上，和客户正在谈生意。由于空调出了故障，室内非常闷热，大家都不停地擦汗。

镜头四：顾客怒气冲冲地送回昨天刚买的彩电，大叫大嚷说质量不合格要求退换。营业员百般劝说无效，叫出经理。顾客仍怒火中烧，与经理据理力争，双方争执不下。

想象一下，如果你正置身于这四种场景之中，会有什么样的感觉？

上面四个镜头中的人显然都是社交活动中典型的失败者，究其原因，就是他们未能较好地把握时间与空间，使时间与空间

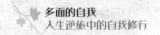

在其社交形象中起到了破坏作用。

首先，我们来聊聊时间在社交中的作用。

在现代社会越来越快的工作与生活节奏中，时间作为一种资源，因其不可再生的特性，越来越受到人们的重视。因此，一个人运用时间的方式，就是在向别人传递一种非语言的交际信息。

一般来说，无论对自己还是对别人都惜时如金的人，往往是在人际交往上比较成功的人，他们大都会受到人们的尊重和喜爱；而那些不守时、浪费时间（无论是他人的或是自己的）的人，往往会给人一种不踏实、不可靠的感觉。你可以回忆一下，在你所敬佩的人中，他们有约会迟到的习惯吗？他们会在没有预先通知的情况下迟到而不给你任何解释的吗？相反，在你不欣赏甚至反感的人里，他们对时间的运用又如何呢？

所以，如果你想更好地展现自己可靠、诚恳，在时间的运用上首先要做到的就是守时，当然，这并不是要你先于约会时间之前一两小时就到达约会地点，因为这样你也等于在告诉别人，你很闲，你的时间根本不值钱。而是要将时间把握得恰到好处，不早不迟，按时到达即可。

其次，你永远不要觉得解释很多余。如果你因为某些意外不能守约时，一定要在事前通知或在事后给出充分的理由。不管你是下级也好，上级也罢，解释都同样重要。即使你的地位很高，也不能忽视其他人对时间的珍视与对自身价值的尊重。

要知道，你对时间的运用会直接向对方传递出你对他地位与能力的看法，因此你不要在迟到后装作满不在乎。一个合情合理的理由，能平息对方的愤怒，只要态度良好，人们还是乐意听你解释的。

最后，在时间运用上，不能一味地迁就别人，你必须学会说"不"。你要尽力避免他人占用你的时间，对一些谈话、会议的时间要做出限定，不能无限制地谈下去，也不能急匆匆地结束，而应该在慎重考虑后再决定与他人分享时间。

另外，与时间一样，社交中对于空间的运用也是不可忽视的。

科学研究发现，在一般的人际交往中，往往存在四种基本的空间地带：

（1）亲密朋友之间的接触，距离往往在两步之内，你们在这个范围内，可以拥抱、可以同时吃一份午餐，也不会觉得别扭。

（2）在试图与对方建立私人交往时，可将距离控制在二到四步，在这个范围内交谈，双方可以分享信心与信任。

（3）如果你是名推销员或正在从事某些日常的交易，那么距离最好是四至十二步左右。因为这个时候，你往往不会在意别人无意中听到你们谈话，所以这种距离比较合适。

（4）如果你是作为一个演讲者，面对公众讲话时，最好站

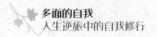
在离人群十二步以外的地带。这样你能保持自己的威严。

就像动物在自然界中会划分自己的领地一样，人们对于自我空间的需要也非常看重。这就要求我们在人际交往中，注意以上这些因关系疏密变化而引起的交谈距离的变化。如果不小心侵犯了他人空间，引起别人的不满与抵触，被拒绝也就不足为奇了。

在空间运用上，还有一个很容易被忽视的地方，那就是个人的环境布置。

在一间脏乱的办公室里，绝对不是谈重要公事和会见重要客人的最佳地点。你必须注意办公用具的摆放和谈话环境的舒适，应该使它们能符合你对空间的要求，让你的办公室更加开放、更加温馨、更加有益于合作。同时，整洁漂亮的办公室也是你工作面貌、精神状态的体现，它会给每一个进入你办公室的人传递这样的信息——"我精力充沛，一切都井然有序。"这样，就能在对方心里树立起一个干练、精明的形象。

世界是一面镜子，你是什么样的人，你看到的世界就是什么样。在反复探索中重构自我与世界的关系，也是我们重塑自我的重要途径。

06 被放大的自我

你不可能让所有人满意

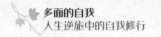

【心理测试】你对别人的看法敏感吗?

你是否会因为太在意别人的看法，而不敢暴露你内心真实的想法?

你是否在受到负面评价时，立刻进行自我防御?

通过了解自己对他人的敏感程度，可以帮助你更好地了解自己。

（指导语：仔细阅读以下情景，并做出判断。选择"是的"得8分；选择"两者之间"得5分；选择"不是"得3分。）

（1）你生平第一次坠入爱河，视情侣为心中神圣的偶像。有一天，你忽然发现他（她）竟做出十分庸俗的事，你会感到幻想破灭，并坚决地抛弃恋人吗?

（2）你是否宣称自己厌恶飞短流长的长舌妇，但不久，却从你那儿传出关于某人的毫无根据的谣言呢?

（3）别人指出你事情处理得不妥，你是否会找一串理由加以申辩?

（4）哪怕你与最好的朋友辩论时，也始终认为自己是正确观点的持有者，对方不过是"歪理也要缠三分"吗？

（5）你是否喜欢向别人不厌其烦地详细叙述你遭遇到的一件小事情？

（6）乘坐地铁时，与一个陌生人同座，你看到她用手背触了一下鼻尖，你会疑心她在嫌弃你的体味吗？

（7）同事们议论一个不在场的熟人，你把你所了解的他的遭遇大加渲染了一番。但事后你颇感内疚，于是再见到他时便着意表现你对他的好感，是这样吗？

（8）老同学聚在一起聊天，你发表了一番对当前国际形势的看法。一个与你有深交的同学对你的宏论颇不以为然，随口说，"这都是外行话！"你当下虽然不露声色，但回去以后就决定与他断交，是这样吗？

（9）你叙述一件亲身经历的事给大家听，大家觉得有点难以置信，一笑了之。这时你会继续举出一系列的证据务必要大家相信那是真实的吗？

（10）你的一位朋友平日与你交往甚密，但却做了件对你不太忠实的事。你是否会毫不容忍、声色俱厉地指责他的过失，表现出你的憎恶情绪呢？

（11）你为别人提供服务或帮助时，是否常常怨人家对你酬谢菲薄？

（12）一次你在街上碰到一位同事与人且谈且行。你隔着一段距离朝他热情地打招呼，他没有马上做出反应，你是不是会想："他为何这般当众羞辱我，难道我得罪他了吗？可恶。"

（13）你是否为证明你的社会地位丝毫不逊于人，而在服饰、娱乐等方面的花销超出自己的经济承受能力？

（14）你坐在客厅读报时，忽然发现从窗户射进的一束光中有无数小灰尘在上下飞舞，你是否会马上感到呼吸有障碍，然后移到远离光束的地方？

结果分析：

A.分数为112分以上者，为过分敏感者。

你神经异常敏锐，感受性又很强，在遇到同等情况时，会比别人更容易遭受打击。在与人相处时，你会因为经常误解别人的意思，而使自己处于紧张的警惕之中，甚至造成他人的紧张，引起周围人对你的厌倦和反感，如果你不设法改善，会给你的生活带来很多不必要的痛苦。

B.分数在56 ~ 112分者，为敏感性中等者。

比起高度敏感者，你会较少受到别人看法的影响，但你的敏感程度依然处于较高的水平，有时会表现得有些神经质，需要格外关注。

C.分数在56分以下者，为敏感程度较轻者。

你是一个非常乐观、豁达的人，敏锐的感受力与你无缘，但也要注意，在与高敏感人群相处时，是否会因为自己的疏忽而伤害对方。

1. 给予批评者的最佳安抚方式

　　与赞美相比，人们总是对批评敬而远之。

　　没有人喜欢被别人批评，尤其是被自己看重的人批评。不管批评的话说得是多么委婉，批评别人或被别人批评时，都会不可避免地引起某些方面、某种程度的伤害、误解乃至怨愤。王明是一个小有声望的室内装潢设计师。他在行业中的口碑和赞誉，皆来自他超凡的创造力和严谨的工作态度。当然，他还有最难得的一点，就是能虚心接受客户的批评并听取他们的建议。

　　当有人向他问起，为何能保持这样良好的沟通心态时，他坦言："我曾经和大家一样，很难接受他人的批评，甚至可以说完全接受不了任何意见。当我把设计好的图纸向客户展示时，即使他们皱皱眉头，我都会感觉非常遗憾和沮丧，更不要说同事的批评和客户的否定了。最令我困扰的是，即使他们批评的不是我，可传到我耳朵里时都像是专门针对我而来的。我知道我不能让所有人满意，但他们否定的态度却对我的情绪产生了很大的影响。我不知道怎么改变，即使我知道他们仅仅是对我设计方案中的某些细节表示一些相左的意见。"

人们不能把握的，是批评的适度性和适时性。人们欠缺的，是接受批评的宽容性和明智性。

由于人们在批评他人时，得到的反馈并不总是友好和正面的，当批评者使用的批评方式不当的时候，就会导致被批评者产生严重的负面反抗情绪。所以说，批评就是一把双刃剑，一方面切破了被批评者的皮肤；另一方面也会割破批评者的掌心。所以，在一次次不愉快的经历中，你会认识到：批评与平和地接受批评，都不是一件容易的事情。

人们之所以会出现这样的心理反应，与我们对自我评价息息相关。

从心理学的角度来看，自我评价作为自我意识的一种形式，是主体对自己思想、愿望、行为和个性特点的判断和评价，它不但具有特殊的自我功能，还具有特殊的社会功能，能在一定程度上影响人与人之间的相互关系，也会影响到一个人对待他人的态度。

心理学的研究表明，人拥有一种对自我评价维护的意识。在形成自我评价之后，就会格外关注别人对自己的评价。一旦我们从外界接受了一些不太好的评价，就会让我们感到自我评价受到了威胁，从而出现心理失衡，甚至会采用回避、反击的方式来对此进行维护。相反，如果我们从外界接受的评价与自我

评价相吻合，我们的心理就会处于一个比较平稳、良好的状态。因此，我们总是喜欢对别人的喜爱、夸奖欣然接纳，而对别人的负面评价敬而远之。

既然无法面对，选择逃避也是一种应对之法。然而，这又导致了另一种局面的出现：人们无法忍受别人的批评，也没有能力去批评别人。面对冲突，我们既无力避免，也无力化解，结果导致问题越积越多。

可是，批评真的如此可怕吗？

古语有云：以铜为镜，可以正衣冠；以史为鉴，可以知兴衰；以人为鉴，可以明得失。现代人也应该交给批评这样一个重要的任务：每个人都需要从别人的反应中去分析自己的行为哪些做得较好，哪些还有待改善。

如果一个人能够一分为二地看待批评，他就可以发现，批评虽然有时会给我们带来种种误会、挫折感及不愉快，但它同时也送给自己一份丰厚的礼物——彻底、清楚地告诉自己：要想从别人那里得到什么，就需要从一个意想不到的角度参悟获得改善的出路。

从另一个角度来说，批评，其实是一种灵敏度极高的变量参数，你可以利用它的出现及变化来发现自己发展中的缺点和不足，找出有待改善的地方，然后对症下药，予以修正，以便获得最终的成功。在自我成长的道路上，我们会遇到很多弯路岔道，与其自己碰壁之后再去回调，还不如认真对待批评，因为往往批评发现问题的速度，会比你自己发现问题的速度迅捷许多。

在这个高速发展的社会中，时间有时是决定胜负的关键因素。发现问题、分析问题、认识问题、解决问题是解决问题的一个普遍过程，如果能够把批评当作发现问题的显微镜、分析问题的参谋、认识问题的百科全书、解决问题的推动力，你就会发现，批评也不总是那样令人难以忍受。

那么，何不善用"批评"这个晴雨表，对别人的负面评价做到知其善者而改之，知其不善者而略之呢？

如果你想在自我成长的道路上有长足的发展，有一个重要项目需要不断学习，即如何善待批评而不仅仅是忍受批评。善于利用批评，对于促进事业的成功和人际关系的改善，都是大有裨益的。

时间会告诉你，别人对你一言一行的评价都是极其宝贵的，那是现实对自我的最终检验。如果你让别人的眼睛里永远不会印上你的痕迹，那么你应该为这种忽视而感到悲哀；如果你让别人不敢再对你有任何微辞，那么你无形中在累积着他人和你之间不满及怨恨的情绪。天长日久之后，这些批评之后的不满及抱怨，就可能从"未能获得解决的小问题"，逐渐演变成"无法解决的大危机"。

2. 以倾听的方式容纳批评

有不少读者给我留言或私信，说自己明明知道有些行为是不正确的，也知道产生这种行为背后的深层心理原因，但就是不知道该怎么改变。其实，这是一种非常常见的心理现象，就像网上流行的那句话："我听过那么多道理，为什么仍然过不好这一生。"

很多时候，听过不代表懂得，懂得不代表能够做到。从心理学上来说，一个人懂得了很多道理，属于认知层面；而他如何去做，属于行为层面。很多人之所以"过不好这一生"不是因为道理听得不够多，而是习惯停留在认知的层面上，却不知背后需要行动的付出，只有做到知行合一，才有改变的可能。

同样地，我们从人们对待批评的态度上看，孩子们从很小的时候就被教育，要虚心、要知错就改，但这么简单的道理，又有几个成年人能够做到呢？善待批评，从批评中寻找改善的动力，学会恰当地回应批评以及怎么有效地处理批评，决不是一件容易的事。

从理论上来说，面对批评，明智的人给予批评者最佳的安抚方式是：倾听他的不满、抱怨、愤怒和痛苦，并且毫不反抗地接受他的批评。没有人能把所有的事做得尽善尽美，偶尔的缺失和批评都是可以接受的，对于批评不要采取过于敏感的态度，那样只会束缚住你的手脚，妨碍你的进步，破坏你的情绪，令你只看见不合意的方面。

有一个道理一定要提前知晓，即如果对事不对人的批评无法奏效，它就会转向针对人的指责和伤害。

大多数时候，人们受到批评仅仅是别人对自己的某一工作过程或结果所表示的不满，它不能够掩盖你自身的天分和创造力。因此，当你"收到"批评时，不代表你一定要按照批评者的意见去做，你没有义务去遵循每一个人的意愿，你也不需要绞尽脑汁、竭尽全力地给自己找申辩的理由或借口。你所要做的，仅仅是从批评中找出可供自我利用的元素并有效地消化它，化批评的困扰、伤害、苦恼为改善的动力。

接下来，如果你已经从认知层面接受了"批评"的基本原理，那么你就要学着从认知层面转向行为层面，从"善待批评"走向"怎样接受批评"。应该怎么做呢？其中最好用的工具就是：倾听。

如果处理得当，你就会发现，接纳批评是你在生活中建立良好人际关系极有效的润滑剂。你也许曾抱怨过你的同事、家人无法了解你的意图及想法，致使你常常受到不分缘由的批评。

其实在你抱怨的时候，你可能没有想到，这些同事、家人也需要他人的理解。你可以换个角度来考虑，当你的同事、家人批评你的时候，可能正是他们在宣泄一种自己不被人理解、重视的怨愤情绪。因此，你越是拒绝别人对你的批评，你受到的批评就会越来越多；你越是不想倾听别人对你的批评、建议及意见，你就会听到越来越多你不想听到的话。除非你肯改变态度，养成以倾听的方式接纳批评的良好习惯，学着去接纳别人的批评、建议。

那么，我们应该怎么做，才能达到最有效的"倾听"效果呢？

首先，学会倾听批评并了解其背后的真正含义。

在这个世界上，每个人都是孤独的。人们都希望别人能真正用心听自己讲话，真正了解自己话中的含义；人们也希望别人重视自己，在意自己的感觉。如果不能得到这样的待遇，他们往往就会选择以批评的方式来对待对方，因为他们会觉得自己被误解、被忽视。

然而，这种通过批评来构建的沟通方式往往会以失败告终。因为每个人都想保护自己，操纵别人，处处占上风以证明自己是"正确"的。所以，为了打破这种僵局，必须有一方采取明智的态度，采用倾听的方式，以突破这种沟通不良的困境。

在实际操作的时候，我们可以暂时把自己的情绪和想法搁置一边，认真倾听，仔细地体会对方所说的话的真正含义，从对方的角度去切身体会他们的感觉。如果能穿越批评的表面迷障，以友好的倾听方式去对待批评，了解对方真正想表达的意思和目的，你就会发现，批评有时不仅仅是表达不满，还常常包含着其他的意思，这不啻是一种意外收获。

在卡耐基的《成功之道全书》里，有这样一个事例：一个推销员对他曾经售出的一部衣服烘干机的客户进行回访。这家主妇在推销员询问使用情况时，给予了下列批评："它使用的时候总是有嗡嗡的声音，太费电了，烘干机的内箱太小了，我无法一次烘完我洗的衣服……"推销员极有耐心地听完这位主妇的种种抱怨，同时笑容可掬地提出一些小小的建议并再次给她讲解使用说明。当调查结束的时候，这位主妇表示对这台机子还比较满意，并询问可否为她的母亲再订购一台同样类型的烘干机。从这个事例中，我们对倾听的效用可窥见一斑了。这也说明，如果你能以友好的倾听方式对待批评，往往会得到良好的收获。

要知道，真正使人们在批评中感到受伤害的，从来不是批评本身，而是人们自我保护、自我认同的意识，而接纳式的倾听，就是化批评为增进交流、传达思想、增强联系、增进创造力的最有效途径。

其次，避免错误的倾听方式，警惕防御性倾听。

作为被批评者，有时虽然表面上是在认真听取别人的意见，实际上心里并不服气，因为他随时准备奋起反击并想驳倒对方。类似上述的这种倾听方式，就是防御式倾听的典型表现。从概念上来说，防御式倾听的含义是，"信息接收方主动在内心设立起屏障，用以抵御他人攻击以实现自我保护。处在这种倾听状态中的人，总会觉得别人话语中，含有对自己的攻击，从而表现得剑拔弩张，所以会采取高度戒备的回应方式，让对方感到自己被攻击。"

一旦人们在面对批评时，开始进入到"防御式倾听"的模式，他们的注意力就会从谈话的内容上离开，变成对对方的警惕，譬如，他们会在心里记下对方在哪些地方对自己造成了伤害，哪句话出现了漏洞，怎么说才能够反驳对方对自己的指控等，而一旦进入这种状态，一次原本良性的沟通也很容易演变成一场争吵。

因此，为了避免这种情况的出现，当你在面对批评时，察觉自己开始陷入防御式倾听的状态后，尽量不要先入为主地对对方的话进行"脑补"，而要确定你认为的攻击到底是否存在，比如你可以直截了当地向对方表达自己的感受，"你刚才的话让我感到很难过，以至于让我没有心思再听你其他的意见了"。相反，如果你发觉自己在批评别人的时候，出现了"攻击"性行为，可以试着用其他委婉的方式去表达自己的意见。

如果总是带着警惕的心，怎么能体会对方的善意，又怎么听得懂对方要表达的真实意思呢？因此我们要多花一些时间去练习倾听，别让成长的契机悄悄溜走。

3. 从"自以为是"到"仅是个人意见"

当批评的声音出现的时候，必然会出现两个角色，一个是批评者，另一个是被批评者。在这个沟通的过程中，一旦在这两个角色之间产生矛盾——这是经常会发生的事情，那么通常是由于同一个原因——究竟谁是对的？谁是错的？

一旦双方都不愿意让步并不能达到相互之间的谅解，争执就不可避免。很多时候，人们由于不能忍受别人的批评而起的争执，常常和人们最初所讨论的主题没有本质上的关联。换言之，引发矛盾的不是这些问题本身，而是由于人们对自己"正确"的坚持。

不管是谈话还是争吵，我们总是习惯预设自己的观点是正确的。这样导致的结果就是：无论是对别人提出批评、建议还是听取别人的批评、建议，在我们内心深处，总是认为自己是正义的一方，而对方是需要被教育和说服的。尤其是在批评的方式不恰当的时候，谈话中"对事不对人"的原则被抛之脑后，双方的争论变为争执，讨论的焦点也被定在了对与错之上。直到后来，争论的双方都失去了理智与公允之心，转变成为"面

子"或"意气"的赌气争执。

或许他们中的任何一方，都自认为正确，所以要据理力争，以为这种争执是"讨一个公道"。然而，如果你对这个世界有了更加全面的认识，就应当意识到，没有人能永远正确，你的观点也可能是错误的，当你为之辩护的时候，实际上是在为自己所谓的"自我价值"和"虚荣心下的人格"而辩，我们经常给这类人赋予"固执"的标签。

从心理学上来说，固执，指的是人们在认知过程中无法将客观与主观、现实与假设很好地区分开来，将自己已有的经验凌驾于现实之上，并过分固化的行为。美国心理学家莱昂·费斯汀格认为，人都会遇到信念与现实发生冲突的情况，一旦这种情况出现，就会导致认知平衡失调，为了安抚内心的冲突，人们通常会采用两种方法：一种是承认事实；另一种是找到一个理由来维持平衡，而后者就是典型的认知失调，会使人不顾客观事实，而坚持自己的看法，甚至引发攻击性行为，这样势必影响与他人的正常交往。

如果人们肯退后一步，不再坚持自己是完全正确的，而尝试着从对方的角度去考虑问题，尝试着体谅对方的想法，倾听对方的意见，仅仅把自己的批评和建议当作"纯属个人观点"时，效果可能会好一些。举个例子，在某档综艺节目中，主持人问嘉宾："如果飞机上有人脱鞋脚臭，你会怎么办？"嘉宾幽默地回答道，"我会说'我有一个不成熟的小建议'，如果人家听我就说，如果人家说不成熟就别说了，我就不说了。"

节目播出之后，"一个不成熟的小建议"很快成了网络流行热词，这位嘉宾的高明之处在于，当他想对别人提出自己的建议时，并没有预设自己是正确的，而是用"不成熟"作为前缀，既表示自谦，也向对方传递了一个信号，即自己的建议也并非完全正确，让对方接受起来也会容易很多。

另外，所有人都知道这样一句古语，"良药苦口利于病，忠言逆耳利于行"，然而，在现实生活中，即使懂得别人的批评对自己有一定的益处，但还是会觉得有点受打击，甚至有些时候会不分青红皂白地把别人的"就事论事"，看作是对自己的攻击。每当这时，人们就会竭尽所能地"保护"自己。

如果人们能改变自以为是的观念，就等于给别人提供了正确的机会。这个道理非常容易理解—— 你执意认为别人是错误的，别人就会不断地采取行动证明他是正确的，你越拒绝就越拒绝不了。因此，人们常常用"绝不能让步，否则我就显得理屈""一定要对方处于下风，感到愧疚"这样的行动来坚持"我对你错"的观点，结果却往往适得其反。事实上，很多的争论内容并不是必须要分出对错的。

近些年，"同理心"的概念，越来越引起心理学家的重视。从概念上来说，"同理心"是指能够参与别人的情绪及思考的能

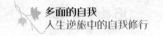

力。从倾听别人批评这一角度来说，"同理心"可以表示一种理解对方批评之后的真实感觉的态度，表示乐于倾听对方意见的态度。

"培养同理心"的过程，意味着你必须善于理解批评者的感情，包括他们对你的真实想法及他们的立场和观点。这可以帮助你了解对方为什么会对你发出批评，利用这个机会可以多角度地了解对方对你的看法，并且从中找出一些具有建设性的意见，以便更好地改善自己的不足。当你拥有了同理心时，你就不会再坚持认为自己是最正确的，就能设身处地为对方着想。这种感觉，就如同你听到别人说"我不爱吃梨"时，就不会勉强他，不会去迫使别人趋附于你。

最后，让我们换个角度来看，当你从"自以为是"转变到"仅是个人意见"时，表明你可以用比较冷静的态度对待批评了。你越为对方着想，了解对方的意图，你就越不会盲目地认为对方的批评是对你个人的攻击。

举个例子，很多时候，人们对别人批评的反应，足以说明他对自己的感觉如何。因为批评别人的地方，也正是他无法容忍自己的地方。如果一个人对自己已经有一些苛求完美的趋势，那么来自他的批评，可能就会使对方觉得他过于挑剔而无法接受，进而对他的批评提出质疑。与此同时，这个人对自己受到的敌意也会倍感困扰。在他看来，自己是在帮助对方解决问题，而对方却觉得他是在"挑刺"，当两个人都把焦点集中在这个受批评的地方时，即使它只是小小的缺失，倘若被这样无形地放大批评的倍数，也会令人感到威胁以至失去一部分信心。

这个时候，如果我们能够站在对方的角度，了解对方的个性和出发点，也许就会有不一样的理解。同时，批评者也可以更好地表达自己的观点，避免把批评发展成为矛盾冲突，而是让自己的批评给对方以建设性的启迪。

4. 学会建设性批评，比你想象的更重要

　　人们常常见到的批评过程，是批评的一方丧失理智、口不择言，被批评的一方则愤而反击或以不服、受屈的情绪来抵抗。这样的场景，使得人们不敢轻易使用"批评"的权利来表达自己的思想。

　　实际上，人们愿意去"批评"什么，往往表示人们重视、在意对方，希望对方少走弯路或变得尽如人意，但如果不讲究批评方式，就会令现实的结果与良好的意愿背道而驰，从而将批评变成尴尬、伤害、不愉快、气愤的代名词。

　　如此一来，人们就越来越不愿、不敢、不会、不能去批评。就会抱着"多一事不如少一事"的想法，就会掩饰想建议、批评的那份关注的情绪，而让自己显示出"与己无关，高高挂起"的模样。殊不知，批评也分两种：建设性的和破坏性的。建设性的批评无论是在动机、方式还是在目的上，都与破坏性的批评大相径庭。从最终的结果来看，建设性的批评往往会产生积极的、推进性的效果，使得受批评的人能从中获取前进的动力或改进的启示；而破坏性的批评则是去打击、控制、惩罚、报复受批评的一方，其感觉是非常糟糕的，会在人际关系中造成极其恶劣的影响。

遗憾的是，在日常工作、生活中，我们最常用的批评模式，恰恰是破坏性极大的后者。你可以通过对比以下破坏性批评的典型表现，检查自己是否存在这样的行为：

（1）经常使用"应该""必须""不要"等偏概性极强的词句来指责对方的行为。

你是不是经常使用"你应该……而不要……"或是"你必须知道更多一些的事情，以……"这样的话语来表示自己对对方行为的不满？这样的批评方式，往往会适得其反，在损伤了对方的自尊心，引起对方的防御反应之后，你会发现改进将变得更难进行。

（2）愤怒地失去控制，大吼大叫以表示你极度的不满和焦躁，企图以此造成心理上的优势，达到威胁对方的目的。

你是不是会大嚷大叫"看你干的好事！"或是"下次不许再发生这样的事！"但是，你的暴跳如雷有时并不能体现你的权威，也不会让对方认识到他自己的问题，反倒极有可能引起对方针锋相对的回应，进而将批评转化为矛盾冲突。

（3）通过翻对方的旧账来攻击对方，以达到证明自己"一贯正确"的目的。

"你看你上次就这样，结果……""你上次……还不吸取教训！"这样的语句往往会给对方带来强烈的挫败感，从而压抑他们积极求改进的情绪。

（4）企图使对方感到愧疚。

你是不是经常使用下列表示痛心疾首的话？"你把工作做成这样，真令我失望！""你辜负了我对你的期望，想不到……"或许你会成功地使对方感到内疚，但你不一定能使对方顺从你的意愿，接受你的批评、建议，从而达到让你满意的程度。

（5）想方设法地控制对方，以达到令对方服从自己意志的目的。

你是否曾经巧妙地暗示其他人，你曾经帮助过他们，你希望或多或少地得到某方面的回报。你或许以这样的方式批评过他们，但实质上你只是想提醒他们："上次你从我这拿走了方案，所以这次你不该和我争这个项目。"其实，这肯定是最愚蠢的批评方式了。还有，类似"你说过支持我的，你应该……"的批评建议方式也会让对方感到反感。

（6）展示自己受尽委屈，做出牺牲的样子，以博取对方的同情，使之屈服于自己的意愿。

"我费了多大工夫，花了多少心血才拿到这份材料，你实在不该改变原来的方案！""不要总是抱怨，我承担的责任和负担比你重多了！""你为什么总是不理解我的一片苦心呢？"诸如此类责备的语言在生活中经常出现，这类貌似有所奉献的行为背后，往往隐藏着行为者希望以此从自身行为中有所获得的动机。人们不能说这类"奉献者"是无私的，因为人们有理由怀疑他们的动机。

人们常常用一些不理智的方式来表达自己的不满，造成对被批评者的伤害，令他们觉得难以接受。虽然这并不是我们的本意，但在批评过程中流露出的失控、不宽容的行为，往往是人们无意识状态之下的反应。

那么，你知道怎样进行建设性的批评吗？

方法一：针对你所不认同的某件事谨慎地提出你的批评，而不要首先进行全面的否定，引致对方的对抗情绪和反感。

在提出批评时可以采用先扬后抑的方式。例如，可以用"我觉得你做得很好，如果在……做些改进就更好了"作为建议方式，或是用"这些做得都不错，如果你能把注意力多放在……"作为开场白，相信大多数人都愿意在受到肯定之后，愉快地接受你的建议。

方法二：表现诚恳的合作态度，全力营造正面效果。

当你需要对合作伙伴提出批评时，不妨这样说："既然我们都希望……，我们应该……"或是"我们应该……以求合作更愉快"，或是委婉表示"如果我们在……多注意，我们会做得更好。"这样诚意十足的合作态度会使对方觉得你和他是站在同一立场上的，你是为他充分考虑，这样的批评更令人易于接受。

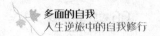
方法三：用第一人称"我"的叙述方式，表达"仅仅代表个人看法"的建议。

当你想提出异议或不同看法时，可以说："我对这里有些困惑，如果你……"或直截了当地问："我用怎样的方式说……你比较容易接受？"

方法四：以简洁、明了的语言表述你的意见；躲躲闪闪、欲盖弥彰、吞吞吐吐的表达，常常更易激怒对方。

例如，"你在这里想表达什么样的意图，可否更清楚地说明？"或者"我对你的整体想法大致明白，但这里有些疑问……"都是比较客气明了的建议方式。

方法五：使你的批评能给对方以支持、鼓励的感受。

例如，"我欣赏你的这一项创意，是否可以再探讨一下其中的细节？"这样可以委婉表示你希望改进的意图；"我不会追究以前出过的差错，我更关心现在如何让所有运作重新步入轨道。"能使你的建议在鞭策、鼓励的同时，加上宽慰、安抚的效用，使批评的效果更为良好。

方法六：了解对方的真实感觉，充分为他着想。

"我知道你一定不高兴，但……"或"我看出来你很失望，我也一样，如果……"这些话可以让对方感受到你的理解，从而更易接受你的建议。

方法七：提出批评之后耐心地等待对方省悟，而不要急于让对方立刻改变意愿，完全顺从你的建议，重复唠叨同一个意见，只会让对方觉得厌烦，甚至产生逆反心理。

方法八：让你批评的对象有机会表达他的想法及解释自己的意图，否则对方可能会由于不理解你的意见或看不到自己的缺点而拒绝接受你的批评。引导对方说出他的想法，可以使批评被接纳的概率更高，而且批评所产生的正面效果也会更好。

你可以用"如果采用别的什么办法，会有什么不同的效果？"或"你觉得怎样做更恰当一些？"这样的话来引导对方说出他的感受，以寻求最佳的解决途径。

看了以上几点建议，你是否体会到了建设性批评的不同之处？恰当的批评方式可以令你避开难堪、矛盾、冲突、伤害等"批评的暗礁"，使你达到预期的建议目的。

通过以上对比，你是否对怎样进行建设性的批评有所领悟呢？如果应用得当，建设性的批评可以助你脱离"不敢、不能、不会"的批评困境，在工作、处世中助你一臂之力。

5. 批评与赞美的乘数效应

批评与赞美，看似是两种完全相反的表达方式，然而，就像一枚硬币拥有正反两面一样，失去任何一方，另一方都无法独存。正所谓"批评不自由，则赞美无意义"，如果能将两者有效地结合，所产生的作用通常会具有"乘数效应"。

"乘数效应"是经济学上的一个术语，意思是：在投资活动中，投资量的变动会引起投资收益的成倍变化。那么，我们应该怎样做，才能使批评和赞美有效地结合并产生神奇的效果呢？

首先，在工作中，我们无法避免要向别人提出各种改善的意见、要求，关键在于，要采取巧妙的方式，绝对不能引起对方的抵触情绪，而且要想方设法激发对方个人风格中的积极因素，这样才能让批评与赞美和谐共舞。这时，我们需要学会的批评方法，就是"因人而异""因材施教"。

当你向上司或其他领导人物提出批评建议时，要尽可能地强调预期的结果，让他们把精力调整到解决方案上来，比如你可以这样暗示："我们的目标是着手彻底清查账目错误，我们能够把这件事做得很好，关键是您的推动，让我们现在就着手做吧！"同时，你可以向他们提交工作进展报告，以促使他们回归主题。

当你向那些信守承诺、工作比较认真、无太多偏颇的大众型人士提出批评时，不妨严肃专业一些，对问题的关键症结所在及对解决问题的相关要求，不妨直截了当地讲清楚。至于协商后所需调整的事项，你可以向他们重复申明一下，以免出现疏漏。譬如，"对于我们怎样解决这个问题，上级部门一直很关心，而且这还严重关系到我们部门的声誉，所以，我希望你能高度重视这项任务，如果你还有不清楚的地方，我会给你一份重要事项清单，结果如何全看你们的努力了！"如此一来，也会起到不错的效果。

当你向那些个性不鲜明的"好好先生"提出建议时，切记对事不对人。由于他们本身的个性中缺乏突出的因素，通常表现得比较敏感，因此，你必须向他们解释清楚自己提出批评的理由。你还应该适度表现自己的同情心，向他们阐明一个显而易见的事实，即错的不是他们，而是事情本身。

当你向那些有见识、有主张的思谋型人士提出批评时，要尽量让自己显得内行、专业，在阐明问题的症结所在时，要提出终止计划及可行性建议，最后别忘记给出完成期限的规定，同时寻找一下双方的共同点或近似点，以谋求更好的合作，并体谅对方的难处。譬如，你可以这样表达："我相信这件事不容易，不可能一步到位，我希望我们下次协商时能有一个切实可行的计划，并做一些合理的局部小修改，对事情进展要执行见机行事的原则。"这样的批评建议会让他们觉得你信任他们，并且尊重他们的才能。相应地，这些批评也会给他们带来正面的影响，令他们更容易接受。

如果你在工作中处于领导地位，当你发现下属接受批评之后，态度方式有所改善时，别忘记对他进行赞扬和鼓励。要知道，接受别人的批评是一件很困难的事，因为他必须因此而改变他自己习惯的做事方式，并且本着承认自身缺点的前提。没有人能在一时一刻之内完全改善自己，所以，当你的下属或同事在工作上有所改进时，你都可以适时地给予表扬或赞美。这样不仅能激励他们的上进心，还可以使你在工作中建立良好的人际关系。

将批评与赞美结合起来，借助其强大的乘数效应，冰山也可能因此而融化。如果你能养成这样一种良好的习惯，即经常性地找一些事情，不着痕迹地表扬对方，你会发现：在现代社会中，每张不易接近的、吹毛求疵的脸庞后面，其实都隐藏着一个极易受伤的自我。如果你能意识到这一点，你完全可以控制批评一方与被批评一方之间尴尬紧张的关系，将批评的消极影响降至最低。

与其声色俱厉地批评指责，不如送给对方一个善解人意的关怀，一句充满温暖的理解，远比恶意的攻击更有成效。同样地，当你受到批评的时候，与其对批评者的求全责备生气、愤怒，不妨去寻找他们话语背后的真实需求，越是吹毛求疵的人，往往越是需要别人的了解和宽容。如果你肯以同理心来理解对方的情绪，采取合理的措施软化对方的攻击，便能引导他们以合理的方式提出自己的建议。

古语云："你敬我一尺，我敬你一丈。"人与人之间的对待总是相互的，世界上没有比"尊重别人，同时让别人也尊重你"更良好的关系了。

如果你知道怎样进行建设性的批评，不妨先以身作则，对周围的人进行潜移默化的影响，进而影响到别人批评你的方式。因为，如果你能很有礼貌、有风度地提出你的批评建议，就会在无形之中给对方一种暗示——你值得我尊重。这往往比直接赞美更能打动人心。

通常，有教养的人都懂得"投之以桃，报之以李"的道理。在生活中也是这样，如果你肯不着痕迹地提醒身边人的疏漏，同时表现出真诚的关心、友善及充分为对方考虑的态度，就可以更好地表达你的意见，或更容易消除对方带有敌意和攻击性的防御。毕竟，对于不讲方式的批评来说，敌意大于善意。所以在生活中，多一点善意的赞美，多交一个朋友，绝对比多一

个敌人对未来更有裨益。

最后，还有一个非常重要的问题，也是我想告诉所有人的一句话："你应该永远记得，你被批评的部分，只是你全部人格的一小部分，对别人来说也是如此。"

缺失只是一个很小的方面，不要让"瑕"掩了"瑜"。当你是批评的一方时，在批评时加上恰当的赞美，会让受批评的一方有强烈的主动意识去改善自己不足的地方；当你是被批评的一方时，永远把别人对你的批评看成是对你有所帮助，促进你成长的意见，可以让你更有工作的积极性和信心，这就是批评与赞美的乘数效应，你学到了吗？

07 被遗忘的自我

亲密关系的本质是
自我关系

【心理测试】你拥有成熟的爱情吗？

你即是我，我即是你；

我拥有你，你拥有我；

我还是我，你还是你。

（指导语：关于爱情的展现有多种层次，你属于哪一种呢？请对下面的题目做出判断，符合自己情况的答"是"，不符合的答"否"）。

（1）你和生命中最爱的人是朋友吗？

（2）对你所爱的人的兴趣与活动所及，你能不嫉妒，不生出占有欲吗？

（3）当你爱的人在开展其他活动时，你喜欢自己一个人做自己的事，令双方都有充分自由的时间吗？

（4）你爱的人的工作、地位及所取得的成就对你是不是具有威胁性呢？你是否心理不平衡呢？

（5）你对自我及自我的价值感有很大的把握及很强的信心，你确信它不会和你所爱的人的自我价值感相混淆吗？

（6）你是否在你所爱的人之外留着一部分的空间、时间，让自己有机会单独追求成长与心灵的补充更新？

（7）你能够不放弃自己的兴趣，不改变自己的本性而获得真爱吗？你是否能以本我面目与爱人相处？

（8）你容许你所爱的人有一段时间不在你的身边吗？

（9）你是不是希望所爱的人快乐，更甚于你希望对方能长期待在你身边、与你长相厮守？

（10）由于你拥有了和你所爱的人之间的感情，它是不是使你变得更好、更强、更富同情心、更乐于付出，对他人更友善了呢？

（11）即使你无法控制自己与所爱的人的关系，你是不是仍然对感情充满了信心，仍然觉得很安稳呢？

（12）如果你所爱的人所想的、所做的都不尽如你愿，甚至与你所想的大相径庭，你是不是仍然能做到不加干涉呢？

计分法：

怎么样？你对上面的这组测试回答完毕了吗？如果已经全部答完，那么，下面为你自己进行计分，每一个回答"是"的答案可以加两分。根据所得分数，你可以依照下面的标准，判断你所拥有的"爱的层面"，以检测自己是否拥有了成熟的、理智的爱情。

结果分析：

A.24～22分：你无疑是个在感情、照顾、体贴与关切等诸多方面，都堪称楷模的模范爱人。你拥有成熟的爱，你与你的爱人能够充分享受爱情的甜蜜与温馨，你们之间的感情会长久而稳固。

B.20～18分：你可能有伤害自己及他人的意向，你的心中对感情已经有了依赖的倾向，你在怀疑自己能力的同时，也对你们之间的爱情产生了不信任的态度。你应该告诉自己："我是个有价值的人，我所爱的也是一个有价值的人，我们之间，没有谁的思想或心灵会比对方更珍贵。我现在决定，我必须把自己与所爱的人看得同样珍贵。无论是在行动、言语或思想方面，我都不应该轻看了我们之中任何一方。"

C.16分以下：你已经从感情中受到了极大的伤害，你应该告诉自己："我能够改变。"你仍然有希望拥有崭新的生活和充沛的生命力，但是你必须明白这样一个道理：没有人能帮你，你唯有认定自己可以幸福、快乐，你才能改变自己。

1. 你放不下的是需要还是爱

如果说青春的注解是懵懂，那么，爱情的注解则注定是神秘。古往今来，爱情作为人类最美妙、最深沉的感情，使得多少智者、哲人为之沉思，又使得多少文人墨客为之讴歌。在这个至真至纯的领域里，爱作为一种情绪，猛烈地冲击着每一个与它接触的男男女女。

深陷在爱情中的人幸福地说："你是我生命的全部。"单身的人渴望被爱，渴望遇到真爱，然而，在这种情感的渴求之下，究竟是出于"爱的感召"，还是想满足生理上或心理上的欲求？究竟是"我爱你"还是"我需要你"呢？

有人可能会说，爱就是彼此需要，这又有什么区别呢？确实，人们可以说两个相爱的人是两个彼此需要的人，但绝不能说两个互有需要的人就是彼此感情深厚的人。这种感性的无知，往往是导致我们陷入情感困境的元凶之一。

在"我需要你"的背后，除了爱，还隐藏着很多未说出口的个人动机：或许是不愿改变日渐形成的习惯而和他（或她）固守在一起；或许是想依靠对方来维系那份藏在习惯之后的安全感；或许是在为自己疏于改变的惰性寻找一个合理的借口；或许是因为可以把自己的一部分负担转嫁给对方减轻压力；或许是他（或她）能悉知你的心意，能为你分忧解愁，能和你相知相伴……但实际上，你可能是以此来聊以自慰，或许是因为自己付出太多而不想前功尽弃。

凡此种种，都是我们所经历的需要与爱的误区。不管你是因为需要而需要爱，还是因为你需要被对方需要而需要爱，都不是基于双方内心契合的、愿意为对方着想的真爱。我们之所以在很多时候混淆两者的概念，是因为它们有太多共同之处，然而，它们还有一个最本质的区别："爱"在很多时候代表的是付出，但"需要"表现出来的却是索取。

因此，在很多基于"需要"而建立的爱情大厦中，经常会出现这样的情景：他们总希望别人能满足自己感情上的一切需要。为了获得这种满足，他情愿为对方做任何事情，并表现出过强的依赖性。然而，这种愿望注定无法实现，如果一个人长久地将全部情感寄托在另一个人身上，必然会感到缺憾和无法满足。天长日久，他的不满可能会由此而发展成为一种荒谬的行为，即他对对方表现出来的是一种永远无法获得满足的饥渴感，而且这种饥渴感是很难得到填补的。

一个人若是需要药物才觉得好过，需要咖啡才能保持神志清醒，需要酒才能镇定，或是需要另外一个人的爱才能觉得自己有价值,那么他是一个有瘾癖的人,他常常会因为无法获得感情上的满足而感到悲哀。殊不知,正是他对爱与需要的混淆造成了这种悲哀。在感情方面,他不是在付出,而只是在索取。即使有所付出,最终还是为了获得。当人们混淆了爱与需要的时候,他们所谓的爱也会在无形中剥夺了他人的意志、需求和权利,将这种"爱"变成了操纵和控制的代名词。

我认识这样一位男子,他非常聪明、热情、真诚,但几乎每一次恋爱都是以两败俱伤而告终。当他爱上一个姑娘时,会每天给她打十几次电话,并在姑娘下班时等在大门口,从关心姑娘吃饭、穿衣到工作、交友的一切,他无所不在的"爱"最终使得姑娘忍无可忍而选择与他分手。这时候,痛苦绝望的他便会以自杀相要挟。

我在许多大学做有关爱情人生观的讲座时,很多女大学生私下里会问我这样的问题:"在自己没有相应的心理准备和要求时,对男朋友提出的性要求是否应该予以拒绝?""如果拒绝了,是否就会失去这份感情?"她们之所以会遇到这样的困扰,是因为她们的男友总是说:"如果你爱我,就应该满足我。"这是何等荒谬的言论!这实质上是以"爱"的名义,来胁迫对方满足自我欲求的一种手段。

爱,首先意味着把对方当成独立的人来理解和尊重。尊重他的感觉、尊重他的需要、尊重他的选择,并且在理解和尊重的基础上给予对方适当的关心、爱护和帮助。当然，这是对爱情当事人双方共同的要求。生活中，很多人都明白这些道理，但当他们面对自己最爱之人时，却似乎总是忘记了这些。

或许，人们受中国千年传统文化影响太过深远，每个人的血脉中都深印着这些耳濡目染得来的影响。在儒家"君君臣臣父父子子"的伦理纲常中，附属的意味是如此强烈，以至于处于强势的一方往往忽略了处于弱势的一方的独立地位和价值，弱势一方对强势一方似乎永远都有"屈从的义务"。这是一种环境造就的"整体无意识"行为。然而，时代发展到今天，大家应该清楚，只有沉淀在内心深处的这种"无意识"，才能真正区分爱与需要。

从心理学的角度来分析，那些把爱与需要混为一谈的人，他们之所以会出现这样的行为，有一部分原因是因为人格发育不够健康，他们自身的某些需要由于受后天影响，没有得到充分满足，所以，他们心中充满了自卑、自怜的情绪，严重缺乏安全感，满怀着对爱的怀疑和不信任。如果把这些心理症候都表现出来，就会形成下列话语："如果你……我就……""你如果不……就是不爱我""我这都是为了你""你为什么感觉不到我的一片爱意呢？"这类人口中的"爱"及行动中的"爱"常常蕴含着"奉献""牺牲"的意味，他们的爱成了控制对方以满足自己各方面需要的最有力的武器，他们所"爱"的另一实质，就是成为满足他们情感上的需求和印证自我价值实现最方便的工具。

与此同时，如果对方提出了关于个人空间和选择权利的要求，就会对他们产生极大威胁，因为这样的要求对他们来说意味着危险，一种自我价值颠覆的危险，一种不能获得满足的危险。他们在面对这种危险时，常常会产生挫折感和愤怒感，认为自己付出的"爱"没有得到回报，使他们对爱的另一方充满失望和愤恨，认为都是对方的错。而实际上，造成这种结果的不是别人，正是他们错判了爱与需要的界定，令自己的爱成为一种"剥夺"行为。

由于对自我缺乏完整的认知，很多人对爱情的渴求与爱情本身往往不是一致的。尤其是在缺少自主、自制及自重的前提下，当人们不能分辨爱与需要时，当人们无法再容忍生活的烦恼时，当人们需要感情上的慰藉与庇护时，就会向爱情索取，认为自己所爱的人或自己沉浸在爱中的感觉可以完全补偿自己。

在这种心态的影响下，会让你对所爱的人产生极深的依赖感。这种依赖感一方面会使你的爱情充满多疑、敏感、胡思乱想与伤害；另一方面，如果你纵容对方的需要，以至于对方整个身心都依赖你时，你也并不会获得爱的平衡，对方会在丧失自我与企图保留自我的矛盾挣扎中，生出怨恨的情愫。这些因素，都对感情产生了极大的伤害，令爱情中的双方不再感到欢乐。

就像心理学家埃里希·弗罗姆在《爱的艺术》中告诉人们的那样：爱，并不是任何一个人都能轻易享受到的一种生活情趣，也不是与一个人达到的自我成熟度毫不相干的身外之物。唯有爱情双方都是个性完整、思想独立的单独个体时，才能更好地感受爱、获得爱。所谓成熟的爱，正是在保有个人的完整性及个别性条件下的感情结合。

除此以外，任何以过度依赖或以逃避烦恼为动机的情感，都只会彼此伤害。唯一要记住的是，爱情不是港湾，而是需要你和她（或他）共建的家园，这才是改善的真义。

2. 公主与王子的平淡生活

正如世界上绝对找不到两片完全相同的树叶一样，关于爱情的体验也是千人千面，每个人对它的理解都不尽相同。有人说，爱是吸引，是诱惑，是眼神相遇便迸溅出的火花；也有人说，爱意味着婚姻，意味着付出，意味着责任，意味着将要面对的油盐酱醋茶……

生活中总是充满喜怒哀乐的情绪，情感里也掺杂着种种悲欢离合。为什么童话里的结局，永远只写到白雪公主和白马王子结婚之后就停笔了呢？那是因为，如果再继续展现他们婚后烦琐的现实生活，一定有很多人从此不会再做梦了。

一位朋友曾向我诉说她婚姻中的苦恼。她告诉我，当初他俩爱得如痴如醉，心中充满了对未来的憧憬，而且很快步入了婚姻的殿堂。新婚燕尔，两个人的情感还算炽热，她以为这就是幸福的开始，但渐渐地，那种摄人心魄的激情不知怎么就消逝不见了，日子也过得越来越平淡。这种平淡不只是对方，连她自己也感受到了心中爱的消退，这让她产生一种巨大的恐慌。她问我，这种归于平淡的生活是正常的吗？难道爱真的会消失？

这个问题，几乎是很多坠入爱河的朋友们心中共同的疑惑。他们醉心于爱情，专注于爱情，小心翼翼地呵护着爱情，但有一天他们还是会发现，无论他们怎样努力，也无法挽留住那曾经激活过他们生命的炽热火焰，一切逐渐变得平淡而温吞。他们不了解这是什么原因造成的，慢慢地，这种迷惑转化为了苦恼，又由苦恼转变为焦灼。于是人们开始恐慌：难道婚姻真的是爱情的坟墓？难道无论多么热烈相爱的男女，也避免不了平淡生活中爱的"降温"？

实际上，人们大可不用如此恐慌。爱情有多种不同的表现形式。它从来没有消失过，只不过是换了一种形式陪在我们身边罢了。从本质上来说，世间的两性情感是一种彼此之间以心灵沟通为基础的多界面、多层次的综合性需要。一对伴侣终日厮守在一起，无论当初爱得多么浪漫和热烈，都会渐觉乏味，这是由人的本性所决定的，并不以个人意志为转移。

根据心理学家诺克斯和斯波拉科斯基对恋爱态度的划分理论，他们把青年对爱情的态度分成两种类型：一是浪漫型，即把爱情看成是一种神秘的、永恒的力量，对爱情充满了激动、渴望与幻想，而较少考虑与爱情有关的各种现实问题；二是现实型，这是一种以注重现实为特点的爱，恋人之间的关系基本上是稳定、坚固与和谐的。

这两位心理学家认为，青年对爱情的态度可以看成是以浪漫型爱情为一端，以现实型爱情为另一端的一个连续体。如果没有充分理解这一过程，当浪漫逐渐向现实靠拢时，心理的落差也会油然而生。

人们之所以会产生这种落差，是因为我们对爱情的认知始终停留在初识的那一端，即只有浪漫的爱情才是爱情，而不了解爱情的另一种进化形式。

浪漫爱——是一种源于激情的爱，通常出现在相爱的初始阶段，是一种非理性的爱，常在爱情生活的延伸中，逐渐消退。

热恋中的双方，通常充满着爱的激情，他们无时无刻不在全身心地渴念思恋着对方，周围的世界对他们来说无关紧要；他们只想和自己所爱的人分享生命中的每一分钟；他们远离现实，生活此时对于他们并不是一种客观现实的存在，他们的爱仿佛一个充满美丽诱惑的玫瑰色的梦。这种类型的爱被家庭社会学家称作"浪漫爱"，这一时期的爱情，常常是非理智、不顾后果的，所谓的"海誓山盟"也往往发生在这一阶段。

然而，在感情生活慢慢延伸的过程中，激情往往会逐渐消退，此刻会滋生出一种充满血肉相连之情的爱，这种爱是爱情的内化和深化，这时的"浪漫爱"就会转化为平凡却深厚的"生活爱"。

生活爱是一种成熟的爱，它由相濡以沫、体贴、关心、理解与默契组成，它满含着恒久的、宽容的、深刻的力量，也是爱

情与现实生活的最佳融合状态。

不管是浪漫爱还是生活爱，都值得我们去赞美和歌颂。然而，由于人们对后者的不解、对爱情表现形式的单一认同，导致出现了理解爱情的误区，以致在面对这种爱的转换，即"浪漫爱"至"生活爱"的转换时，往往会表现得束手无策。

人们常常认为爱情是以浪漫为特征的，一旦激情消逝便说明了爱情的死亡，人们的苦恼、困扰往往也是由此而生的。实际上，"生活爱"虽然时常不具有激情特征，但并不意味着它充满了单调和乏味。恰恰相反，"两人生活胜一人"，拥有"生活爱"的人往往能时时感受到温馨的爱意。

如果人们不能充分理解这种"爱情形式转型期"的情感的变化，便会受烦恼、多疑、沮丧的情绪所困扰。或许，有人为了让感情生活时刻充满激情，总是想方设法地做出各种努力，希望令爱情恢复至"往日的温度"。但这种行为，只会令自己成为过度勉强的人，天长日久，可能这些过度的努力会让人觉得疲惫不堪，从而"望情却步"。

更糟糕的是，如果一个人不能充分了解伴侣的心意，一旦把这种勉强加于伴侣的身上，反而更容易导致矛盾的产生，就像俄国文学巨匠列夫·托尔斯泰曾经说过的那句名言："幸福的家庭都是相似的，不幸的家庭却各有各的不幸。"爱情唯有回归自己，才能保有幸福。

两情若是久长时，又岂在朝朝暮暮？平平淡淡、从从容容、真挚而长久的"生活爱"，才更接近于成熟的爱情。

那么，什么才是"生活爱"呢？根据心理学家埃里希·弗洛姆对爱所下的定义，一份成熟的爱需要具备以下几个条件：

首先，超越了热恋时的狂热，成为与现实生活具有可融性的爱情，回归于平稳和持续的可创造性阶段。

其次，成熟的爱不仅指两个人相互依靠、相互关爱，更指相互宽容和理解，相知、相惜是最佳境界。

最后，成熟的爱情的最关键之处在于两个人共同拥有爱情生活，能够共同实现彼此的自我价值，并使得爱情双方的独立个性能在双方彼此的融合之中得以完善和发展。也就是说，既强调爱情的共性，也允许个人性格的存在和发展，即将共性赋于个性之中，而个性又会促进共性的形成和完善。共性与个性共同构成美满的感情生活，这才是成熟的爱情。

除此以外，随着时代的发展，工业化、信息化的社会进步达到现今这样的同时，也带来一些对爱情具有巨大冲击和诱惑的附属物。社会生产的协作性增强了人们作为一个个体的尊严，爱情及婚姻也不再是一个人生存及享乐的唯一寄托，同时每一个人的精神世界，由于其容量的无限性，又注定了其不可能由某一个人完全占有。

因此，我们在享受爱情的同时，也别忘了对其保持一种敬畏

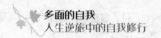

感。并不是一个人到了适龄年纪，就得急急忙忙地去谈婚论嫁。如果条件允许，起码要对社会、对人生、对自己、对对方，有了清醒和理智的认识之后再去谈婚姻、爱情，这才是对感情比较成熟的考虑。

3. 真爱拒绝假面具

　　人人都需要爱，也需要去爱别人。然而，对某些人而言，不论是寻找相爱的另一方，或是与相爱的人维持关系，都有可能成为他们感情生活中最难突破的难题。

　　究其原因，可能是源于一个不太幸福的童年，也有可能是长大后在感情上遭到过拒绝或伤害。总之，由于种种原因造成的影响以及由此产生的后果，使他们处处小心，尤其是不敢在感情上冒险，哪怕在自己的真爱面前，也不敢袒露自己的真心，将真实的自我层层遮掩起来，生怕对方看穿了自己的伪装，然后扬长而去。

　　他们渴望被爱，满心期待别人的欣赏，但是，当自己与爱人之间的关系，达不到之前所预期的目标时，他们就会逐渐加厚那一层保护自己的外壳，担心自己因此受到伤害。然而，这又产生了新的问题。如果对自己的感情守护得太紧密，就会陷入这样的恶性循环：越不能全面放开自己，面对真实自我的人，往往就会越孤独、越沮丧。他们因为害怕再度遭受感情的挫折，于是不敢再主动去爱别人，也就无法培养恒久而坚定的感情。

没有人愿意与一个戴着面具的人坦诚相见，即使有人告诉他们："摘下面具，你值得被爱。"他们也会无比恐惧，因为在他们内心，始终根植着一个信念，即真实的自己是无价值的、不会被爱的，所以需要隐藏起来。那么，这种信念是怎么形成的呢？

小时候，我们都会从父母的赞同和不赞同之中，学到爱的观念。在父母及周围人的引导下，你认识了这个世界，寻找自己存在的价值。父母也借着他们所表现出来或没有表现出来的爱，指导你如何像个成人般地去爱人。然而，这些早期得来的经验如果是负面或否定的，那么，不需要什么后天的束缚，也会令你无法摆脱它的影响，使得你在日后的感情生活中，不由自主地受这些负面经验的影响。

但是，这并不意味着，所有童年没有接受过正确爱之教育的人，都无法获得健康、成熟的爱情，相反，没有人的童年是完美的，每个人都有一些深藏于内心的原始创伤，然而，不同的人有不同的选择。有些人虽然已长大成人，却仍然活在儿童时期；有些人却能靠自己的力量摆脱往日的阴影，根据真实的自我做出全新的命运选择，即使受到怀疑和否定，他们也会坚定地告诉自己："真实的自我是完整的、有自我价值的人，我是值得被爱的人，我也是个有能力付出爱的人，我愿意以独立、完整的我，将我满怀的善与爱给予我所爱的人。"

除了你自己，没有人能够定义你。你的自我价值感的实现及你对自我的肯定，取决于你对自己在感情中所扮角色的认知，除非你能够扔下孩童时所经历的不快，和受忽视、受伤害所造成的心理负担，认识到自己也能够像一个拥有健全人格、独立个性的成年人那样去爱。否则，你必然会在你的感情历程中，扮演一些戴有假面具的角色。这样的角色既不能真实表达你的情意，也不能明确表示你的需要，更不能提供给你真实的生命能量。

马丁·路德曾经说过："神的爱并不是去爱值得爱的，而是创造出值得爱的模样。"一个人若想摆脱自身面临的情感困境，唯有回归真实的自我，将真实的情绪表露出来，去接受现实的检验，才能正常地体会爱与被爱。

另外，在一段正常的感情交流中，人们能够因为自己的本来面目而相爱，也能停止要求别人改变自我以符合自己认为的和所需要的形象。也就是说，我们不仅要摘下自己的假面具，也要停下为别人戴上假面具的手。

在《这世界配不上的人》一书中，讲述了这样一个故事：南斯拉夫有一对令人叹服的夫妇，他们彼此之间真实坦诚，他们相信"我爱你的本来模样，你也会爱我的本来模样"。丈夫贾可布爱妻子约瑟嘉犹如爱自己的心一样，而约瑟嘉也敬重丈夫，爱他如爱自己的生命。他们的爱情历程真实而又感人，在他们一生的感情经历中，度过了战争、牢狱生涯、育子、疾病与贫穷，然而他们始终互相扶持，他们之间的爱也在不断延长。从

客观上来说，贾可布与约瑟嘉所处的并不是一个能增进他们之间感情的环境，在他们的周围，充满着敌意、战火与恐怖。而且，贾可布比约瑟嘉大35岁，他们之间的爱是完全孤立的，没有任何外在的支持，正因为这样，他们就必须保持坚强和理智，如果他们要想活下去，并令爱延续下去，就必须保持独立性与完整性。

"真爱不需要做面具，请爱他/她的本来模样。"不要因为你说了爱某人，就促使别人毫不怀疑地满足你的每一个需求，遵照你的意志去生活。这种要求和期待所给予别人的，只会使对方失去了本我的模样。

回忆一下，你在爱情中是怎样地爱人的？你是个付出者还是接受者？

在感情中，男女双方或许都有这样一种想法，即要求对方有维持爱的活力。实际上，在这个想法之中有种错误观念，即认为爱是接受而不是给予，或者也可能以为爱大部分是接受，只有小部分是给予。

如果我们总是打着"为你好"的心态去改变对方，希望通过对方的改变让爱情更完美，结果只会换来更大的失望。因为这样一来，你不但无法为自己的幸福负责，甚至连你为了使对方能更完美、更符合你的期望所做出的努力，也会变得徒劳无功。

你越是想依照你的期望去改变对方，对方就会越觉得你对他不满，你不能接受他、不够爱他，因此他也就更不愿意去改变自己。而你这种"希望过得更好"的心态只会阻碍你理智地掌控目前的生活状况，而促使你去向对方提出一些过高的、不合理的要求。当你的心力全部被此吸引，当你经历了许许多多的希望、忧虑、失望和后悔的事件之后，你还有可能体会到爱情的幸福吗？你还有精力和爱人互相扶持实现共同发展吗？

爱是需要不断付出，不断下工夫的，它不会自己滋长。你是唯一能使爱活在你自己真实生命中的人。如果我们能够不再坚持要求自己所爱的人来填补我们内在的空虚，这个由人们所创造出来的空虚也不能由自己对他人的依赖和崇拜所填满。就像弗洛姆曾说过的："我要我所爱的人成长，为了他自己，以他自己的方式，而不是为了服侍我而学习。"

世界上没有任何关系是完美的，因为每个人本身就是不完美的，人们生活的世界也是不完美的世界。一个人和另外一个人越接近，就越能清楚地发现对方的大部分缺陷。只有充分认识到现实生活的不完美性，才不会对爱情抱有不合理的、过高的期望。

张爱玲有句名言："生命是一袭华美的袍子，上面爬满了虱子。"虽然听上去令人失望，但这便是现实世界的真相，虽不完美却完整。也许面具之下的我们没有那么完美，有着种种的缺点和不足，但却比冰冷的面具多了很多的表情和温度，而正是

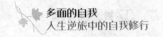

这一点珍贵的温暖，才是我们彼此相爱的理由，让我们在彼此心灵之间真正地架起一座桥，建立灵魂沟通的渠道，让我们各自的生命泉水滋润对方心灵的土地，产生无可比拟的鲜活的生命力。

4. 如果你实在对他（她）不满

世界上原本就不存在一份完美的"爱"。两个人一旦彼此相爱，相互接近至进入婚姻或稳定关系的状态，他们就会知道对方的缺陷及最敏感的所在是什么，这种现实打破了当初朦胧的爱的滤镜，本身就可能带来失望、批评，甚至有人会因此开始指责对方，或者后悔自己"当初看错了人"。

一个悲哀的事实是：我们最爱的人，也常常是我们最挑剔的对象。彼此深爱的双方，也必定对对方有不同程度的愤懑、批评及挫败感，所有的亲密关系，多多少少都包含着爱恨交织的心理，这正是爱情中不可避免的真相。

能否有效地去批评对方和接受对方的批评，对于维持健康的婚姻、爱情关系是非常重要的。

然而，并不是所有人都能熟练掌握这项沟通技能，生活中，还有许多人认为：要紧密地维系亲密关系只有两种方法：一种是不断地严格约束对方；另外一种就是永远不要批评对方的一言一行。这两种方法显然都是不可取的。

第一种方法：处于亲密关系中的双方，如果对彼此的批评太过火，其中所暗含的意思就是："你必须照我说的去做！"而在批评的过程中，言语之间难免会有不投机的地方，这正是最伤感情的地方——你越是觉得对方的某些方面你无法接受，你就越想利用批评去操纵或控制对方，而你的伴侣可能无法接受你无理的方式或无理的指控，而拒绝按照你的意思去做，或者你的伴侣根本就是抗拒你的批评，甚至会因此常常做出令你不满的事情。

这样做的结果就是，如果双方都挑剔对方，甚至到了两个人都觉得：如果不吵一架，情绪就根本无法平静下来的时候，争吵就一定会发生。

第二种方法：如果在亲密关系中，两个人都遵循着一条不成文的规定："如果你不批评我，我就不批评你。"这样是不是会相敬如宾呢？

其实这种态度也不可取。一方面，采取这样的态度可能会忽略很多重要的事情，譬如，有些时候，他们明明很想改变某些事情，但嘴里却说："没关系，这并不重要。"或"改天再说吧！"他们害怕万一对对方批评，或违背了对方的意愿，可能会损害他们之间的感情。然而，问题是不会自己消失的。总有一天，那些没有处理好的愤怒和不满，会以具有更大破坏性和伤害性的面目浮现出来，到那时，可能会引发一系列的爆炸反应。

另一方面，你提出对伴侣的批评，对于维持热烈的情爱关系也具有重大的影响。如果双方都是不能接受批评的人，那么，他们就没有机会表达心中的不满和沮丧。换句话说，他们的情绪输出管道发生了严重的堵塞。

当然，这并不是说明有了爱就可以恣意地、毫无顾忌地胡乱批评对方，因为有一些抱怨生活单调乏味的夫妻，通常从来不会吵架。双方可能有一方对另一方极为不满或有意见，却苦于无法说出来，而一旦由"从不吵架"演变到"很少说话"的地步，也就表示那些压抑着的情绪所造成的"低气压"阻止了双方的交流。甚至有些夫妻之间由"从不吵架"演变为"从不进行性生活"的地步，他们的婚姻已经陷入很严重的困境了。

那么，如果你实在对他／她不满，你应该怎么样表达自己的意愿，才能达到最好的沟通效果呢？

其实很简单，对于你所爱的人，你能给予他的最好的礼物就是：安静地倾听他的愤怒和失望，而不加以否定和任意评断。一般来说，当人们感受到有人接纳自己的愤怒，并给自己受伤的情感予以慰藉时，通常就是他感到最幸福的时候。你和某人越亲近，你就越应该知道什么时候应该争论到底，什么时候只要说声"我理解"就可以了。

有一则外国案例就说明了婚姻中双方彼此不满的问题。

杰夫是房地产经销商，邦妮则担任着一家电脑公司的业务

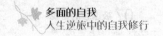

代表。他们结婚已经4年了，亲朋好友都认为他们是非常幸福美满的一对。他们拥有令人羡慕的职业、幸福的家庭以及光明的前景，然而他们所面临的婚姻困境是："我们之间不再进行性生活了。"

杰夫和邦妮都不明白，为什么他们的性生活会变得那么无趣。他们告诉精神科医生，他们彼此之间非常相爱，互相都很体贴对方，假日过得也非常愉快而有趣；关于性生活，他们也觉得有足够的经验和技巧，然而却再也无法从中得到欢愉。

当他们提到"我们从来不吵架"时，精神科医生似乎看出了端倪。当精神科医生更深入地去挖掘他们之间的冲突时，他发现这对夫妇之间有很多潜在的批评及挫折都没有表露出来。生活中，他们两人都遵守着下列这条原则：如果你没有好话要说，你就不要说话。每一次，当邦妮打电话告诉杰夫，她要晚一点才能赶回来和他一起吃饭时，杰夫就满肚子的埋怨和怒火，而邦妮则抱怨杰夫老是觉得他赚得钱比她多，就可以主宰家里的经济大权。杰夫从不告诉邦妮，当她在重要的晚宴中和客户谈笑风生的时候，他有多生气；而邦妮也从不告诉杰夫，当他不愿意和她一起去探望她的父母时，她有多失望。

许多类似这样的事情慢慢累积、沉淀下来的结果便是，原本是小小的怨气，最终变成了重大的误解。这些误解渐渐冷冻了他们的热情。杰夫和邦妮都担心，如果他们互相批评而引发争吵，生活中就会充满了摩擦和火药味。他们有一个共同点，即他们都有过在父母的争吵声中成长的经历，因此他们都在潜意识里害怕重蹈父母的覆辙。可是他们必须学着明白，相爱的人可以在毫无敌意的情况下互相批评对方，他们必须学会如何面对感情中的冲突，而不是假装什么事情都没有发生。

杰夫和邦妮的当务之急是彼此进行沟通和交流，以澄清相互之间的误解，解决横亘在婚姻生活中的壁垒。首先，杰夫和邦妮在精神科医生的指导下，需要认真地做好准备。开始，双方都向对方保证彼此之间的真爱，并期望他们能从沟通中取得积极的效果。他们共同希望在他们之间爱的基础上，以及彼此对对方爱和信任的基础上，把他们如鲠在喉的几件事情摊开来一同解决。

他们都本着这个意愿，即"希望你能多告诉我一点"而去找精神科医生交谈。之前，医生曾经指导过他们怎样树立同理心，从对方的角度去考虑对方的感受，并警告他们不要使用"总是""从不""应该"等笼统的字眼及带有攻击性的话语。他们之间的交谈保障了双方都可以畅通无阻地表达他们要说的话，而听的一方则不可以对说话一方的话进行评价与反驳。只要表达清楚了，心领神会就可以，双方都要做到静静地倾听对方的愤怒和失望，并且两人都应竭力保持冷静。

在这样深层次的交谈之后，杰夫和邦妮都清楚了对方所要表

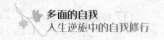
达的意思和情绪，并真切地体认到对方的感受，这样的交流在不知不觉中拉近了他们之间的距离，改善了婚姻中两人的亲密关系。通过这种交流，杰夫和邦妮开始明白：他们夫妻在生活中存在的关键问题是，都害怕自己做得不够好而遭到对方的批评。他们也明白了这个问题是两个人的共同烦恼。他们都确信在交流之后变得更亲近、感情更热切了，接下来解决这个问题也就不再困难了。

5. 婚姻不是归宿，而是起点

在现代社会中，家庭、婚姻开始演变成了一个越来越不稳固的责任体。然而，因为对婚姻抱有很多不切实际的幻想，导致很多人在面对婚后的种种危机时，往往会束手无策，不知道该如何应对，去唤回对方的责任和爱意，甚至会因为过于慌乱、震惊，采取了很多不理智的做法，亲手毁坏了原本可以挽救的家庭。

下面，我们就来聊聊婚姻中最常见的信任危机。

几乎每对夫妻都有过嫉妒的经验，只不过有些人不愿意承认这一事实罢了，他们固执地认为，只有那些感情生活不美满的人，才会产生嫉妒的情绪，而有些人的情形则正好相反，他们会像看守一样牢牢监视着伴侣的行为，连谈话都好像是在质问对方："你到哪儿去了？""他（她）长得怎么样？""我怎么知道你说的是不是真的？""你这么做，叫我怎么信任你？"

不管这些问话的初衷是不是善意的，嫉妒和怀疑的情绪会使得夫妻双方都变得很幼稚、很小心眼。在这种情况下，一方所做的事、所说的话往往就会欠思索，缺乏理智，此时的言行对别人的伤害也是最大的。说到这里，读者也可以问问自己，你是否相信你的伴侣？你可以通过回答下列几个问题来求证这一点：

（1）你是否常常要通过问许多问题，才能了解他（或她）真正的意图？

（2）你是否总是怀有这样的臆想："我要是能随时知道他（或她）在做什么就好了。"

（3）你会将你的感受坦白地告诉他（或她）吗，小到对他（或她）不守时，大到对他（或她）缺乏信任？

（4）如果要证实他（或她）是个有责任心的人，你会使用什么样的词汇？值得信赖？客观公正？还是别的什么词汇？

（5）他知道你对生活方式所持的态度吗？你能指望他（或她）在做事前和你有同样的感受并且立场一致吗？

（6）你会提心吊胆地担心他（或她）会令你失望吗？他（或她）真的令你失望时，你是否还有一点庆幸自己的怀疑得到了证实？

（7）在你的记忆中，他（或她）是否欺骗过你或者向你撒过谎？

（8）当他（或她）独自外出或参加活动时，你会怅然若失吗？你有强烈的忧虑感吗？

（9）你是否听见你对自己说："我肯定，如果他（或她）能做到的话，他（或她）一定会去做的。"那么如果他（或她）不去做呢？你会怎么想？

（10）他（或她）信任你吗？他（或她）会把他（或她）的恐惧、秘密、脆弱告诉你吗？信任是双向的，你是否也尝试过与他（或她）做如此的交流？

（11）你们谈话的时候，他（或她）是否全神贯注地倾听你的话并试着理解你的感受？

（12）他（或她）是否愿意放弃自己时间表上的活动而陪你去听音乐会？

回答完这组问题之后，你应该可以对自己"是否信任对方"做出初步判断了。然而，如果你回头再仔细看这些题目，是否能发现：其实有些项目，是你按照"对方是否满足你的需求"来判断你是否相信他（或她）的呢？

很多时候，人们在强求得到"信任"的同时，完全没有意识到这样一个问题，即人们忽略了对方也有同样对于信任的需求。实际上，作为婚姻主体的夫妻双方，有着平等的需求与获得满足需求的权利，没有哪一方有额外的权利，可以令对方放弃自己的权利来满足自身的需求。

人们经常会说，信任是美满婚姻的基础，但我们更应明白：这种信任并不是一种单方面的权利和要求，唯有使信任成为彼此之间共同的感觉时，婚姻才会有起码的基础。

爱情是具有排他性的，但家庭的建立，绝不意味着夫妻双方需要从此终止各自正常的社交活动。如果有一方不加区别地把爱人和异性的一切往来，统统称为外遇而横加干涉，势必会引起婚姻双方的矛盾。事实证明，对爱人"约法三章"或限制爱人的社交活动，都是一种基于不信任、不理解基础之上的专制，这种做法不仅有损对方独立的人格和完整的自我，忽略对方的需求和想法，而且会引起对方的反感和压抑感，影响婚姻关系的和谐，还有可能在逆反心理的支配下，促使对方向自己的主观愿望的反面发展。

当然，"防患于未然"也是非常必要的。根据人们一般的心理活动规律，如果发现对方有以下反常行为，如家庭观念淡薄了，脾气也暴躁起来了，常常会毫无缘由地宣泄不满；一改往日夫妻之间的关心体贴，凡事漠不关心；夫妻间的谈话越来越不投机，一方对另一方说话吞吞吐吐、欲言又止；忽然过分地注重外形的美观却不是为了博取另一方的赞美……这些迹象背后往往有一些心理先兆，即对婚姻感情的离轨。这时，就需要尽早发现问题，加强夫妻双方之间的沟通和交流，及时找出症结所在。

许多研究结果表明，夫妻之间的性格不合，观念上的差异及不良的沟通，均是导致婚姻危机的重要因素。夫妻双方如果无法通过彼此之间的沟通和交流来了解对方的真实感受和需求，并不断加深双方的信任以取得长久的协调，久而久之，夫妻感情则可能趋于淡薄或恶化，极易导致其中一方对婚姻的不满。

并且，当双方的爱情由热恋转入婚姻之后，责任更多地取代了激情，在婚姻生活持续 一段时间之后，感情生活可能会成为规律性的、乏味的机械运转过程。每天所做的事、所接触的人、所说的话均没有太大的变化，缺乏鲜活的生命力和创造力，这样的生活往往会导致产生"审美疲劳"。在这种情况下，如果夫妻双方不能共同努力，不断地对感情进行滋养，就可能会给别人可乘之机。

当已经出现了信任的裂痕时，我们可以从婚姻中的男女双方入手，尝试着从感情生活中寻找问题发生的原因和疏漏：你是否花了太多时间在工作上？你是否过度地以孩子为重而忽略了对方的感受？你是否为了家庭丧失了独立的自我？你们拥有和谐的性生活吗？你们之间的感情生活是不是不再有浪漫的因子出现？你们是否疏于思想的沟通？仔细寻找症结所在，然后再着手去改善。

首先，你应该认清楚这一点：夫妻双方的任何一方都不是婚姻的附属物。你们在婚姻中，是有权利保持个性的独立、完整的个体。婚姻生活绝不意味着是让个性消磨，而是让个性在不断磨合中产生更大的生产力，促使夫妻双方共同成长和完善。在共同的婚姻生活中，我们不要丧失自我，成为另一方或是婚

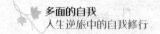

姻的附庸，这是保证婚姻生活有源源不断的生命能量的重要基础。夫妇双方在长久的共同生活中，只有不断挖掘对方深层次的优点，感受对方的关怀和对自己的促进，才不会令感情日久平淡。

其次，婚姻不是人生的一个归宿，而是一个起点。人们应该走出婚姻归属感的误区，放弃有了稳定的生活就不思进取的念头，而是应不断充实自己，使双方在思想上不致产生不可逾越的差距。试想，如果一个人的思想已达到山顶之上，而另一个人仍在山脚下徘徊，他们之间，又怎样寻找沟通的纽带呢？缺乏起码的沟通与交流，正是婚姻危机形成的首要原因。

最后，也是最重要的一点，就是勿忘家庭气氛中的"温馨"二字。社会无论信息如何发达、工业文明如何发达，家庭仍然是现代人"精神家园"的首选。温馨的家庭生活是美满婚姻的产物，反过来，温馨的家庭生活又不断强化着婚姻关系。家庭中温馨的气氛是由夫妻双方的相互关怀、相互理解、相互支持产生的。如果夫妻双方能够本着同理心，立足于对方的需要，从对方的角度来衡量问题，就能达成更好的互助互谅关系，这是保持美满婚姻，维护良好感情生活的首选处方。

08 自我的回归与整合

全然的自我是应对世界的盔甲

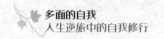

【心理测试】你眼中的自己究竟是什么样的?

你所认为的你,

与别人眼中的你是否一致?

你眼中的自己是真实的自己吗?

(指导语:请仔细阅读下列描述的问题,充分考虑你所选出的答案,诚实做答)。

A.幽默　B.有才智　C.不存偏见　D.有进取心　E.忠诚　F.快乐　G.温柔　H.有自控力　I.有活力　J.有创造力　K.有吸引力　L.公正　M.体贴　N.有耐性 0勤奋　P.亲切　Q.坚强　R.宽容　S.聪明　T.慷慨

(1)请你从上面的特性中,选出你认为最适合你的描述,然后填在下面的横线上:

_____

_____

(2)现在再从头看一下前面的选择,选出那些符合你最好

的朋友对你的看法，请客观考虑，不要因为这些肯定的优点而
受诱惑，然后填在下面的横线上：

_____

_____

（3）现在问你自己这个问题："我的爱人会怎样看我呢？"
认真地思索之后，从上列选项中挑出符合的答案，填在下面的
横线上：

_____

_____

（4）接下来，再从上列选项中选出你的父母可能会形容你
的特点，同样填在下面的横线上：

_____

_____

（5）最后，如果你有子女的话，请从上述选项中挑出你认
为子女会对你的看法，填在下面的横线上：

_____

_____

（6）把你所选的答案做个纵向的比较，等你做完比较之后，
再挑出你的上司会认同的你的特性，填在下面的横线上：

_____

_____

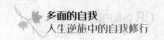
结果分析：

本测试没有正确答案，但你的答案所揭示出来的个人特点，将会给予你一些关于自我的全新概念。

1. 人人都有一块埋葬宝石的土地

在一次关于"自我发现"的问卷调查中，我设计了这样一些题目，来测试学员们对自我认知的程度。

（1）你认为自己的最大成就是什么？

（2）如果给你一种能力，让你有机会变成世界上的任何一个人，你愿意做谁？

（3）如果你可以担任任何你想要的工作职务，你最想做什么？

（4）如果你可以改变生活中的一件事情，你会选择哪一件？

……

这一调查结果显示，我得到的回答，差别极大：绝大多数人愿意继续做自己；非常多的人想换职业，想改变一下生活的状况，还有很多人干脆就留个空白不做回答，因为"没做出过什么成就"。只有一个答案最令我感到困惑，他说："我只想做一个更好的人。"

我不明白"更好的人"是什么意思，但我知道，当一个人心中开始存在一个"更好"的概念时，就意味着他认为现在的自己是不够好的。而这并不是孤例，放眼望去，这种有"自我怀疑"倾向的人在生活中随处可见，即使是一个表面上看上去很成功、很自信的人，也不一定像他所表现的那么自信，他同样会怀疑自己的某些能力。

如果再向深层次探索，你就可以发现：这个"更好的人"意即被更多人所接纳的人。然而事实上，如果你能更大限度地接纳自己，就不需要苛求其他人的接纳，更不必太在乎别人对自己的肯定，最重要的是："你如何认定你自己？"

从心理学角度来说，适度的自我怀疑，能够激发个体的内在潜力，可以在一定程度上促进个体成长，但这种怀疑一旦过度，不仅会影响个体的判断，对决定产生负面影响，长期的自我怀疑、自我否定，还会让个体产生绝望、抑郁甚至引发更复杂的情绪反应，变成围绕在我们周围的沉疴、痼疾，当你想去追求改变与梦想时，心中总有一个声音在不断地敲打你："你不够好、不够强大……"所以，只有摆脱这种消极的思维模式，才能把我们内心的潜力真正释放出来。

首先，我们来了解一下自我怀疑的不同表现，只有明确了你属于哪一种，才能有效地克服自我怀疑倾向。下列这些常见的自我怀疑类型，都可能给个体带来十分痛苦的体验，使其逐渐侵蚀我们本来就不多的快乐与成就感。仔细想想，这些现象，在你自己身上是否也存在？

第一，对自己力量与才能的怀疑。

一个人通常只有在自己的潜在能力与才能得到充分发挥时，才会对自己信心大增。你可能也曾有过这样的经历，在某个时候，你的热情、你的精力、你的自信仿佛一下被激活了，继而像火山爆发般喷涌而出。然而，对某些人而言，这些力量带给他们的感觉却是陌生的、令人不舒服的。如果一个人长期以来没有任何机会展现自己，只是整天按部就班，照章行事，庸庸碌碌地过着日子，又怎能放开心胸，坦然选择满意的人生呢？长此以往，就会对自己的力量产生怀疑，失去信心自然在所难免。

第二，对自我本性的怀疑。

有些人很怕面对他们的内心世界，深怕会因此使自己丑恶的一面被揭发出来。他们觉得自己的灵魂深处存在某些肮脏的东西，让他们不敢轻易去触碰。

第三，对自我控制能力的怀疑。

有些人整天拼命压制着自己的欲望，如独裁者一般独断专行。他们也很想放松一下，却担心自己会因为失去控制而迷失。他们对失去控制的恐惧非常强烈，也正因为如此，使他们对自我控制力产生怀疑。虽然他们也梦想着有一天能够摆脱这种严谨、拘束的管制，但又害怕自己"变野"了。

　　一旦一个人产生自我怀疑的倾向，就会拼命地去找理由，阻止自己再向前。然而，这并不能使他们的内心归于平静。相反，你越是拒绝在顺手就能办到的事务中做最好的选择，你就会越觉得窒息憋闷、疑云密布。譬如，如果你怀疑自己的情感，害怕在感情上过分投入，你就永远能找到拒绝对方热情的借口；如果你怀疑自己的工作能力，害怕做不好，你就永远能找到拒绝一份有挑战性的新工作的借口。就这样，你的自我怀疑又引起了新的自我怀疑，也就越来越不敢去做那些其实并不像你想象中那么困难的事，你就越来越厌恶自己，与自己真正想成为的人越来越远。

　　自我怀疑与自我否定的产生，其实都是从对自身犯错误或失败的恐惧开始的。对成功没有把握很正常，没有人能保证自己成功地做好每一件事，所以，如果因为有可能做不好，因一味害怕失败而放弃就是可悲的。因为你本身已经具备所有改变与成长的潜力，只是你暂时没有发挥出来而已。

　　正如学者爱德华·扬格所说："一个人不知道自己的能力，并不下于一个牡蛎不知道身上的珍珠，一块岩石不知道其中的钻石。一个人可能拥有潜在的未被觉察的才能，直到他为高声的呼唤所唤醒，为惊人的危急所激发。"

　　古印度曾有这样一个传说，有个叫作阿里·哈弗德的富裕农民，为了寻找埋藏宝石的土地，变卖了家产，出外旅行，最终却一无所获，穷困而死。然而，就是从他所卖出的土地上，人们发现了可能是世界上最珍贵的宝石。

第一次听到这个富有哲理的传说时，我不由得为阿里感到悲哀。他倾尽一生的财富与心血寻求而又没有任何收获的，居然就是他曾握在手中的东西。如果你也在为这个传说中的人物感到悲哀，不妨反观一下自身，你是否也如阿里一般，对自己的财富视而不见呢？

其实，人人都有一块埋藏宝石的土地，它完全属于你，就看你能否认识到这一点，并努力去开采出那些美丽的宝石。这块"埋藏宝石的土地"，便是在你微睡着的智慧女神的统辖下，那有待开发的无限的潜能。

20世纪初，美国著名的心理学家提出了这样的假设：一个正常健康的人所使用的能力，其实只是他所能使用的所有能力的10%。换句话说，还有90%的能力是块尚待开发的处女地。且不论这些数据的准确性，但这起码告诉人们，人的能力是绝不会不够的，人们尚未开发的潜力一旦运用出来，力量将是令人吃惊的。如果你认为自己没有做成功，原因绝不是你的能力有限，而是你没有，或没有有效地去做那件事而已！

藏在对成功及完美的驱策之后的往往是畏惧，畏惧的升级，使你陷入狂乱的自我怀疑之中。应该如何改善这种状况呢？下面是两项可能对你很有帮助的练习。

　　第一，在任何情况下，都不要向你的畏惧的习惯屈服。不论你遭受了什么样可怕的失败与严重的打击，不论你变得多么害怕，也不要逃避，要让自己感受那些感情上的痛苦。虽然刚开始时难以忍受，但痛苦超过一定程度后反而会减轻，最终会慢慢消失。

　　第二，你或许会觉得自己无法忍受所遭受到的各种不幸与痛苦，但你必须拒绝屈服，你可以试着从一些很平常的事做起，找回自己对生活的掌控感，不要让自己向过去的习惯屈服。

　　一个人一生中最大的成就是什么？如果让我来回答这个问题，那么我的答案是，所谓成就，并不是赚了多少钱、有多大名气。如果一个人能从一个看起来十分难解的困境中创造出美好的事情，这就是一项成就；如果一个人能从一片凌乱之中创造出愉悦的气氛，这就是一项成就；如果一个人能从一无所有的处境中创造出丰盛的境界，这就是一项成就；如果一个人即使不完全赞同别人的看法，仍然能够创造出一种包容和温煦的气氛，这就是一项成就。如果一定要给最伟大的成就下一个定义，那就是：发现成长的力量，认识真正的自我。

2. 那些"偷窃"你创造力的"贼"

一次，我在某讲座上演讲完以后，有一个五十多岁、举止优雅的女人来到我面前，说："你讲的东西对年轻人太有用了。"我感觉到她的语气之中有种没有说出来的自怜。"那对您呢？"我笑着反问她，"我讲的对您是不是也有用呢？"

"这个嘛！我不知道自己能不能做到你所讲的那些。"她有点羞怯地说，"我都这么老了，没有年轻人那样旺盛的创造力了。""什么？"我难以置信地说，"米开朗琪罗没有你这种想法实在是件幸运的事，对于沙孚克、理斯、泰尼森、歌德、维尔第和海顿而言，他们没有你这种想法也是件好事。他们一直到老都在创造。如果没有他们给我们留下来的礼物，这个世界将会多么可怜！"

"但是你不觉得55岁已经太老了吗？"她反问。

"怎么会呢？维尔第在80岁谱成歌剧《吹牛骑士》，没有人说他太老了；提善在95岁画成那幅名作《卡都尔之战》，然后又活到98岁，没有人说他太老了；莎丽·康琳65岁的时候开始向待感化的女孩传教，并且在明尼亚波的贫民区开了一家收留

所，也没有人说她太老了。您可比他们要年轻多了呀！"

这些话似乎对她有所触动，但她还是摇了摇头，说："可他们都是名人，我只是个普通人。"

……

望着她默默离开的背影，我想起了爱默森的一句名言："虽然我们行遍全世界，寻找美的事物。但我们必得自备，否则我们就无法寻获。"生活中，很多人将创造力与艺术、灵感、聪明联系起来，但实际上，创造力的产生并没有多么严苛的条件。

在《创造力：神奇的组合》一书中，作者西代诺·亚力耶提总结出了关于创造力产生的原因，主要有以下几点：

（1）独立：创意永远不会在团体中产生。充分发挥你的想象力，令创造力根植于想象之中，从而获得源源不断的能量。

（2）与心灵同在：如果一个人总是把注意力放在外在的工作上，就会使自己内在资源的发展能力受到限制。人们必须从容地与心灵进行交流，以获得来自灵魂的创意。

（3）白日梦："我们需要有段时间想想天堂，并对其荣耀做出回应。"每天15分钟的白日梦，不仅有助于心理的健康，而且非自述性的白日梦是幻想的源泉，能够帮助你开拓自我成长与发展的崭新领域。

（4）心无旁骛地自由思想：让自己的思想无拘无束、无组织地漫游，不去想现实生活中令人烦恼的事情，更有利于创造力的生成。

（5）善用推论：牛顿曾经说过："我之所以看得比大多数人都远，是因为我站在巨人的肩膀上。"由此可见，利用别人的想象力直接推论形成自己的创造力，不失为一个好办法。

（6）开放的心灵：以开放的、无瑕的心灵，探索每一件事物的意义。不要让任何既定的理论干扰你的想象力，阻碍你的创造力。

（7）记住过去的冲突：有时候，忘记以前的伤害与冲突，需要一种自愿压抑心灵的强大克制力，而这种压抑感无疑会消磨人们的创造力。必须记住，冲突永远存于人们的心中，重要的是能够把冲突化为创造力，而冲突也往往是产生创造力的强大动力。

（8）纪律：许多自称有创造力的人，却不愿屈从于严格的技术学习、理论思考和纪律练习……他们忽视了一个事实，就连科学家达尔文、弗洛依德和爱因斯坦也都有老师。

另外，正如心理学家亚伯拉罕·马斯洛所说，有创造力的人是自我实现的人，为求提升创造力，就必须有促成创造力的大气候。

《引导创造性才能》一书的作者E.P.托伦斯强调，创造力需要敏感和独立性。他列出一些有创造力的人的特性，总共有84项，以字母的顺序排出，包括"接受不正常""独立"等。值得注意的是，他对一个有高度创造力的人的描述是："不自私、精力旺盛、勤勉、坚持己见、多才多艺。"我们看到，其中并没有聪明这一项。高智商虽并不至于损害创造力，但常会因为畏惧别人提出意见，而影响了创造力的发挥，阻碍了创新的举措。

吉姆·巴克说："富有不能使人成功，概念则可以，你可以有个概念，然后才会富有。"玛丽·享勤则在一篇题为《概念之生与死》的文章里引用了亚利耶提在《创造力：神奇的组合》一书中的说法，她指出，创造力的第一要素是感受力。她写道："我们是无法经过搜寻而获得创造力的，但是如果我们对它没有感受力，它就不会出现了。"享勤主张，创造力需要我们的某一种态度，能够"从对当前的注意力中分离出来，在没有特别期待的情况下，留意到概念的出现。"

基于以上研究，我们发现，每个人都应该以开放的心灵、清晰的头脑及好奇心去思考，但这并不一定表示，他必须要十分聪明、十分有艺术细胞才能拥有创造力，而创造力的产生更与年龄、性别、财富等外在因素毫无关系。

你应该确信，你已经拥有足够的资本，可以获得某种程度的实现以及超越你本能的信心。否则，就会有一些专门"偷窃"创造力的"贼"，"偷走"我们的生命能量，导致其快速流失。这些贼是哪些呢？它们的名字分别是：

（1）完美主义；

（2）胆怯；

（3）死守旧习；

（4）灰心；

（5）不能够独处；

（6）害怕失败；

（7）否定和不诚实。

如果我们将产生创造力的条件与扼杀创造力的因素进行纵向对比，就不难发现，往往处于生活困境中的人，他们的心理障碍会损耗他们的创造力。不学无术、苛求完美、不知变通……都会对人们的创造力具有严重的杀伤力，尤其是当一个人被失败的恐惧所左右时，恐惧比其他任何事情都更容易扼杀他的创造力，这也是为什么儿童的创造力更丰富的原因之一。

那么，创造力就代表着勤奋积极、永远不知疲倦吗？实际上，这也是一种认知方面的误区。

我有一个智商极高的朋友，他是一位音乐家，也是一个精力非常充沛、多才多艺的人，工作之余他还会参加很多其他活动，而且做得也都很好。他对待生活的态度是主动的，即使打网球也好像在竞争奥运会的奖牌一样认真。

不可否认，他是一个有创造力的人，也具备创造力产生的某些基本条件。然而，他的真实创造力却因为他过于主动、积极的生活态度而受到限制。我常常为他担心，我认为他从生活中得到的乐趣太少，经常因工作得太勤奋而无法放松，甚至玩起来也像在工作一样。因此，我总希望他能够由衷地去欣赏玫瑰花香或是海滨落日，而不是想着获取该种经验作为"销售的资本"。

生活中，大多数人习惯将创造力理解为创新、灵感。实际上，创造力作为人类特有的一种综合性本领，是指产生新思想，发现和创造新事物的能力，也是成功地完成某种创造性活动所必需的心理品质。除此以外，我认为创造力还有一项重要指标，即内心蓬勃的生命力，是一个人能从看似贫瘠的生命中，主动进行自我发展，创造出美好事物与情绪的能力，也是一个人脱离生活困境，获取生活中创造的快乐的过程。

不管你是谁，也不管你多大年纪，每个人都是有创造力的，每个人都是有想象力的。无论什么时候，这种能力都存在，我们在任何时候，都应该拥有能够发现自己所拥有力量和潜能的能力。只不过，在你拥有这种能力之前，必须向自己承诺：你不再借着遏制自己的创造力而压抑自己，而是全然接纳。

3. 付诸努力：以积极的方式对待生活

当人们克服了恐惧和自我怀疑之后，当人们充分认识了真实的自我，并充分地肯定自我之后，当人们足以接纳并信任自己，也能够充分地相信自己的想法和欲望的时候，人们便学会了根据对自己的合理的标准来衡量自己，不再受别人的价值观和好恶左右，也不需要别人来指挥自己的生活。

在做好这些准备之后，人们所要做的事便是恢复精神和活力，把生命当作一种探险，从探险中获取少量的、稳定的收获，把"失败"和"缺陷"当作生命的必备条件，做好到达目标之前要经历多次失败的心理准备，从自己的信念中去除"但愿""希望""可能"等字眼，并且用积极的方式对待生活。

如果你已经达到了以上要求，从现在开始，你就可以想象未来，并付诸努力。你可以从以下几点建议中寻找方向：

首先，乐观者常乐。

不要总是把目光拘泥于那些生活中的小事，把宝贵的生命浪费在其实不紧要的事上。要知道，生活的困境往往不是由生活本身所造成的。不论生活有多么烦扰，重要的是你的内心对它

采取什么样的反应。

不久前，有一位七十多岁的老太太从遥远的地方来拜访我们。她看起来精神矍铄，神采奕奕。这使得你在和她交谈的时候，会不由得被她愉快的情绪所感染。我问她是什么使她这样快乐时，她告诉我："你知道，这是很有趣的事情。当你活到我这般年纪时，回顾过去，你会发现自己有不少时间都浪费在无关紧要的事情之上了。现在的我，再也不在乎是否有人弄坏了家中的瓷器，或者是我的丈夫曾经在某一个晚上迟归。我记得自己曾为许多整体上毫无相关性的事情激动不安。现在我知道了，原来真正重要的事情是用赤诚之心来爱自己、爱别人。"

她说这话时眼睛里闪耀着光辉："能够摆脱困扰自己这么多年的蠢事，是再好不过的事情了。我很满意现在的状态，我不再担心谁喜欢我，或谁不喜欢我了。"

在这位老太太的身上，我们学到了什么呢？她教会了我们一个很有用的方法，就是要让自己明白：做什么事情可以让你改变，什么事情不能让你改变。

然而，明白和真正想得通还是有区别的，因为成人不像孩子那么纯粹，成人和孩子最主要的不同，就在于成人为了应付失望、生活压力等问题，会广泛地去学习、去思考。人们常常为明天怎么活想得太多，却没想到该为今天庆幸。正如亚伯拉罕·海谢尔在他的论文集《自由的不完全性》里所写的那样：

生命之神圣在于人是个参与的伙伴，而不是主宰，在于生命是一种信托，而不是财产。他说："做一个人，就是要赞美一个超越自我的伟大。"

当人们的眼睛看见了世界的美好时，它就是美好的。如果没有过高的期望，人们就不会对现实的世界产生失望的感觉。生活即使经历了失败、沮丧、丑恶与鄙俗，你也可以确信你能战胜它。唯有保持乐观之心，才能于逆境之中获得快乐。

其次，当你在回归自我的道路上取得一系列的进展后，必须要强化这些进展。通常，人们选择的最佳方式，就是看清楚自己的梦想，并计划一些具体的步骤，去实现这些以往没有想到要去付诸努力的梦想。

最后，从现在开始，你可以认真、全面地考虑自己在五年后想做的事情，比如你可以想象：五年后的今天，你会在什么地方？起床以后可能会做些什么？你在哪里上班？职业是什么？工作场合如何？平日里你会做什么休闲活动和运动？你觉得自己的生活方式如何？你的快乐来自何处？你的弱点是什么？

不管你是如何想象五年后的生活的，且不要去评断你的想法是不是有什么不妥的地方，把你的评估留在后面，等你计划实际行动时再去做。现在，不管你怎样发挥你的想象力，没有任何一种想法是太过怪异、太过疯狂，或不恰当的。我们的目的，并不是要比较未来的各种可能性，或是要你想出"正确的"蓝

图，而是任由思绪奔腾，去想象你所希望的未来，并且详细描述每个画面。

好好地评估上一阶段你所列下来的，希望五年后能做到的项目。选出五年之后，全心全意想要完成的，选出那些实际而且有可能做到的事情，并决定从现在开始的一年之中，你需要完成的事情或需要学习哪些东西，从而来配合你的五年计划。然后，再详细地写下，为了使你的梦想成真，在以后两个月之内你一定要完成的事项。最后，再详细地列出一个星期之内以及24小时之内你要做到的事情。如此就将一个大目标，分解成一系列的小目标了。一旦有了明确的方向，你能越快采取行动越好。

这一行动，不只适合想改变职业的人，就是在做重大决定的时候，像拟订某项经济计划，某次精致的假期，或者是某项重要的工作企划时，这个练习也同样会对你有所帮助。把那些欲达成目标所必须采取的实际行动逐一写下来，是很有用的。你不但可以将它视为一种承诺，也可以利用它来提醒自己，不要半途而废。

下面这个案例中的主人就是这么一步一步进行的。通过不断进行自我发现与成长，尹萍发现自己有一个很强烈的欲望，那就是想融合她在大公司做事的经验，以及她个人对健康和辅导的喜好，发展她未来的工作。刚开始的时候，她也不知道这样做是不是有可能，于是她便暂时不做任何判断。她把这种想法告诉朋友和最亲近的人。当打了几次电话之后，她获知当地某所大学的研究所里新开了一个系，可以负责训练企业界的专业人员。于是她开始做五年计划，希望将这一想法真正付诸实施。

当尹萍开始与许多人一起学习时，她发现自己要达成的目标并不是不切实际的幻想，于是她便下定了决心。她的热诚使她最终得到了丈夫的支持。今天的尹萍，已经学完了研究所里的课程，并且开始将她所学到的知识应用了到实际工作中，为国内外的公司举办各种有关行政管理的研讨会，并且开始了个别案例辅导的专项特别工作，这一圆满的结果，是曾经的尹萍无论如何也不敢想象的。

在这一过程中，她发现自己不但没有像想象当中那样无能、焦虑，反而内心感到十分的充实平静。虽然在前进的道路上她也曾对自己产生过怀疑，但这种情形已经不能再影响到她了。因为目标十分明确，她不用再去压抑真正的自我，而当她不再拒绝恐惧和自我怀疑的时候，它们似乎也不常出现了。

在你为未来全力以赴的过程中，所能得到的满足之一是：谨慎地选择你的方向，让自己一路都能拾取满足的喜悦。

你可以把"想象未来，付诸行动"的练习，应用在各种生活、工作场景之中，包括自己的学期计划和座谈会的准备等。

虽然你或许还有一些不安，但只要你知道自己想做什么，并且
一步一步地去实现内心笃定的目标，它们就再也打击不了你。
与其只是迟疑不决，倒不如全力去做某件事情来得有趣。

4. 最好的疗愈，是向世界付出自己

我们回顾一下自己的成长岁月，从一个婴儿成长为一个成熟的大人，接受教育、步入社会，在这个过程中，是逐步形成自我价值感，找到自己在这个世界上的位置的。

从心理学的角度来说，自我价值感，是指一个人对自己的喜爱程度，涉及的是一个人作为自己固有的内在评价，与一个人的自我理解程度、自我关爱程度、自我接纳程度都高度相关。一般来说，自我价值感高的人对自己在各方面的表现都会比较满意，即使有时候表现不好，他们也会接纳这一事实，并允许自己偶尔犯错；而自我价值感低的人，对自己在各方面的表现都会感到不满，对自己没有信心、不相信自己的能力，当自己表现不好的时候，他们的内心便会非常沮丧，不愿接纳这样的自己。

每个人都希望自己成为一个独一无二的、有高价值感的人，好摆脱过去压抑、痛苦的自己，但在这方面，你花费了多少心思和工夫呢？

一般来说，人们觉得自己最独特、最有价值的地方，是自己

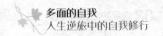
的痛苦以及自己对这种痛苦的忍耐程度。我从来没有见过一个人，不认为自己所承受的痛苦极为重要，但如果询问他们关于自己快乐的价值，却是可有可无、无关紧要的。

在承受痛苦的时候，人们似乎觉得自己极度重要，因为那份痛苦所占的比例相当大。出于这种对错误的计量方法，他们将自己囚禁在痛苦之中，当他们用全部身心感受自己的痛苦时，世界仿佛只剩下他们自己，不会有人比他们更加痛苦。

我们每个人都可能有过这样的体验，当你失意的时候，全世界都在下雨。在那一时刻，你无暇去顾及旁人，一个人觉得痛苦、失意的时候，也很难去想象别人的痛苦或失意会比你更严重；当你觉得焦虑或紧张的时候，你知道你的精力没有用在别人的身上；当你极度疲倦或是处于崩溃的痛苦中时，你的一切思想方向都是针对你自己的，并不会针对别人的痛苦。这种极端的感觉确实很糟，却让你从另一方面感受到了自己的存在，让你觉得：我是重要的。

一个人不管是快乐还是悲伤，都是正常的情绪反应，但快乐和不快乐的差别在于：当你快乐的时候，就会想和别人分享你的感受，你变得肯施予、肯帮助别人，让你的快乐感觉制造出更多的快乐，但是，当你不快乐的时候，你却只会关心你自己，把别人都挡在心门之外，更不会想去分享和施予。

有人可能会说，这是很正常的反应啊，就像一个病人，自己都没有痊愈，怎么有能量去帮助别人呢？然而，你是重要的，不仅是当你的感觉处于极端的时候，这种处于极端的感觉状态往往会阻碍人们实现价值。

作家阿道斯·胥黎说过："经验并不是发生在你身上的事情，而是你对它的反应。"如果你曾经吃过苦，或者现在正觉得痛苦，那么，承认它并不是什么罪过，你在此时和在其他时候都同样重要，不管是疾病、失恋、意外或挫折都是重要的经历，但是因为它们伤害了你，所以它们不会使你比在快乐时更重要。

如果你因为受到了伤害而感到痛苦，重要的是你要知道，为自己"苦中求乐"的权利去反击，是人生最精彩的篇章。记住，你本身比你的问题或者你的成功更为重要。不论你快不快乐，"你"才是最重要的。

人本主义心理学家亚伯拉罕·马斯洛，在其著名的需求层次理论中，将人的需求从低到高依次分为：生理需求、安全需求、社交需求、尊重需求和自我实现需求。其中，生理需要、安全需要和感情上的需要属于低一级的需要，通过外部条件就可以满足，而尊重需要和自我实现的需要是高级需要，只有通过内部因素才能满足，相对于低级需要的可满足性，人们对尊重和自我实现的需要是永无止境的。换句话说，实现自我价值，就需要人们充分发挥并表现出自己的潜能，才会获得最大

的满足。

可以说，实现自我价值是作为一个人最高的追求，然而，在你看来，一个人必须具备什么样的资格才能称为有价值呢？你对自我价值有没有一个实际的了解呢？

生活中，很多人都习惯给自己的生活添加许多重要的"规章制度"，其中之一，就是使自己"看起来"怎么样，比如一个有肥胖症、厌食症和嗜食症的人相信："'控制'使我有价值。"对他们来说，控制是绝对重要的。一个人若没有控制，就不能冠以自尊之名；对于有节食狂倾向的人来说，除非他很瘦，否则他所做的一切事情都没有真正的意义或价值。很多人都相信不负责任和肥胖是并存的，因此，一个人如果很胖，就意味着他没有责任、没有价值、没有用。那你呢？你认为怎样才是有价值呢？你是不是也有某种类似的禁忌或限制呢？

曾经有人做出过这样的论断："付出的人最快乐。"自我价值的实现往往也表现于此。让自己感觉快乐的最佳工具是"施予"，当你对外付出自己，以一种有意义的方式去帮助别人时，你也会因此而完成自我价值的实现。正如马斯洛所说："在人自我实现的过程中，产生出的一种所谓的'高峰体验'的情感，这个时候是人处于最激荡人心的时刻，是人存在的最高、最完美、最和谐的状态，这时的人具有一种欣喜若狂，如痴如醉，销魂的感觉。"

让自己的感觉好起来吧！当我们觉得最烦乱的时候，就是付出最少的时候。如果你能够抗拒冲动，不使自己落入伤害与不好过的感觉之中；当你感到痛苦的时候，强迫自己对别人付出，即使热泪仍在脸上流着；当你对世界付出自己，以一种有意义的方式去帮助别人或安抚别人的生命时，你就可以征服消极性感觉所带给你的限制。

有一句我极为珍惜的话，我常常对自己重复："送你玫瑰的手中，永远会带有一丝香味。"

许多年以前，我决定要做个送玫瑰的人，并从中获得了无尽的欢喜。我相信，我们都可以以自己独特的方式做个送玫瑰的人，即使我们觉得自己很没有用，也不相信会有人向我们要玫瑰，但我们依然可以这么做。我希望，自己四周充盈着我所送出去的礼物的香味，希望能够自由地施予和爱人，而不要陷入妨碍我闻到玫瑰花香的问题之中。我告诉我自己，你也应该告诉你自己，你不是世界上唯一必须面对难题的人。

虽然，在实现自我价值的道路上，我们会遇到很多难题和突发状况，然而，即使你的世界看起来一片混乱，当那些考验生命意义和目标的挑战来临时，并不一定会使你崩溃，它反而提供了一个突破的机会，你可以把你的焦虑、怀疑转化为精力、能量，去探险、去付出，去寻求、去实现你的目标。如果你可以面对这些危机，那么，一种深深的了解和激励就会从心中悄然升起。